ÖZGÜR DORUK GÜLER ÇEVRE DİZİSİ: 45

YÜKSEK GERİLİM HATLARI (ELF-EMF)

Prof. Dr. Çağatay Güler
Doç. Dr. Songül A. Vaizoğlu
Doç. Dr. Ö. Faruk Tekbaş
İnş. Müh. Zakir Çobanoğlu

YAZIT YAYINCILIK
Ankara, 2008

YAZIT YAYINLARI: 88

İYONLAŞTIRMAYAN RADYASYON

Prof. Dr. Çağatay GÜLER, Doç. Dr. Songül A. VAİZOĞLU,
Doç. Dr. Ö. Faruk TEKBAŞ, İnş. Müh. Zakir ÇOBANOĞLU

Yazıt Yayıncılık © 2008
Yayın Koordinatörü: H. İbrahim SOMYÜREK
Yayına Hazırlama: Palme Dizgi-Grafik ve Tasarım Birimi
Baskı: Özkan Matbaacılık Gazetecilik San. Tic. Ltd. Şti.
Tel: (0 312) 395 48 91-92

ISBN: 978-9944-461-78-8

GENEL DAĞITIM:
YAZIT Yayın-Dağıtım
Sağlık Sokak 17/30 Sıhhiye-ANKARA
Tel: 0312-433 63 85-433 56 65 Faks: 0312-433 73 17

YÜKSEK GERİLİM HATLARI (ELF-EMF)

İYONLAŞTIRMAYAN RADYASYON

Dalga boyları iyonlaştırıcı radyasyondan uzun olan değişik elektromanyetik radyasyon tiplerine iyonlaştırmayan radyasyon denmektedir. Canlı sistemlerde iyonlaşmaya neden olabilecek enerjisi olmayan elektromanyetik radyasyon grubudur. Azalan enerji miktarına göre sırasıyla ultraviyole, görünür ışık, kızılaltı, mikrodalgalar ve radyo ve televizyon dalgaları, EHF, UHF, VHF, VLF, ULF ve ELF elektromanyetik radyasyonlarla, 50 ve 60 Hz. 'deki alternatif akım bu gruba girmektedir (1).

Dalga boyları uzadıkça elektromanyetik radyasyonun enerji değeri azalır. Bütün iyonlaştırmayan radyasyon türlerinin enerji değerleri iyonlaştırıcı radyasyon türlerinden daha azdır. Değişik enerji biçimleri dalga boylarına göre gruplandırılır ve dalga boyları nanometre ile ölçülür. Nanometre milimetrenin milyonda biridir ve nm kısaltmasıyla gösterilir (1). Elektromanyetik dalgalar düzenli aralarla pozitif ve negatif arasında değişirler. Değişimin hızı ya da saniyedeki değişim hızı frekans olarak tanımlanır ve Hertz'le ifade edilir. 1 Hz saniyede 1 tam döngü anlamına gelir. 100 Hz kHz, 10^6 Hz Megahertz (MHz), 10^9 Hz gigahertz (GHz), 10^{12} Hz terahertz (THz), 10^{15} Hz petahertz (PHz) dir. 1 mikrotesla, 10 miligausa eşittir.

Elektriksel potansiyel birimi volttur (V). Elektriksel alan kuvveti V/m'dir. Akım şiddeti birimi amperdir (A). Akım yoğunluğu birimi amper/metrekaredir. Güç birimi vattır (W), güç yoğunluk birimi vat/metrekare (W/m^2), özgül soğurma hızı (SAR) birimi ise vat/kilogramdır (W/kg).

İyonlaştırmayan radyasyon yelpazesi genel olarak üç alt kesime ayrılır (2):

-Optik radyasyon bandı:0, 0001-2, 0 mm

-Radyofrekans/mikrodalga bandı:0, 002-10 000 m

-Alt radyo frekans bandı:10 -10. 000+km

Avrupa Birliği Teknik Komitesi elektromanyetik alanların insan sağlığı üzerindeki etkilerini incelerken olası elektromanyetik alan kaynaklarını dört gruba ayırarak inceler (Tablo 1) (3)

Elektromanyetik radyasyon 10^{-6} nanometreden 10^{8} metreye kadar bütün fotonsal radyasyon yelpazesini kapsar. Dalga boyları 400 nm'nin altındaki fotonlar iyonlaştırıcı radyasyon grubuna girer. İyonlaştırmayan radyasyon grubu genel olarak üç alt kesime ayrılır:

- Optik radyasyon bandı: 0, 0001-2, 0 mm
- Radyofrekans/mikrodalga bandı: 0, 002-10 000 m
- Alt radyo frekans bandı: 10 -10. 000+km

0, 01 nanometre ile 0, 04 nanometre dalga boyundaki ultraviyole optik radyasyon bandında dolayısıyla iyonlaştırmayan radyasyon yelpazesinde gösterilir. Esasında bu doğru değildir. Ultraviyole radyasyon da iyonlaştırıcı bir radyasyondur (1). Bazı kaynaklarda dalgaboyu başlangıç değerinin farklı verilmesi ultraviyole bandının enerji değeri göreceli düşük olan bölümünü kapsamak içindir.

Mikrodalga ve radyo frekans dalgaları genellikle birlikte ayrı bir grup olarak değerlendirilir. İyonlaştırıcı olmayan tipleri birbirinden tamamen farklı oldukları için genellikle ultraviyole radyasyon, elektrik ve manyetik alanlar gibi değişik başlıklar altında incelenmektedirler (2, 3). İyonlaştırıcı olmayan radyasyon elektrik iletim ve dağıtım hatları, radyo vericileri, baz istasyonları ve cep (mobil) telefonlarından elektrikle çalışan her türlü araç-gereçten yayılmaktadır. Bu farklı tip iyonlaştırıcı olmayan radyasyonlardan etkilenim biçimleri, insan vücuduna etkileri ve sağlık üzerine etkileri birbirlerinden tamamen farklı olmaktadır (2, 3).

Genel olarak radyasyon tanımına girmese de, ses dalgalarıyla yapılan bazı uygulamalarla da canlı dokulara enerji aktarabilmek olanaklıdır (4).

Son derece düşük frekanslı elektromanyetik alanlar (ELF EMF) ise evde ve işte kullanılan elektrikli araç-gereçler, trenler, cep telefonları, fotokopi makineleri, saç kurutma makineleri vb birçok araç, evin elektrik kablo sistemi ve elektrik iletim dağıtım hatları tarafından yayılmaktadır.

Elektromanyetik alan sınıflaması dalga boylarına göre yapılmaktadır. Dalga boyu uzadıkça, elektromanyetik radyasyonun enerlaştırmayan radyasyon türlerinden etkilenim biçimleri, bunların insan vücudu ve sağlık üzerine etkileri birbirlerinden tamamen farklı olabilmektedir (4, 5).

Son derece düşük frekanslı elektromanyetik alanlar (ELF EMF) evde ve işte kullanılan elektrikli araç-gereçler, trenler, cep telefonları, fotokopi makineleri, saç kurutma makineleri vb birçok araç, evin elektrik kablo sistemi ve elektrik isale ve dağıtım hatları tarafından yayılmaktadır.

Aslında parçacık nükleer radyasyon yayanlar dışında, kozmik ışınlardan-yüksek gerilim alanlarına kadar uzanan yelpazenin bütün bileşenleri, gerek elektriksel gerekse manyetik alan özelliklerine sahip radyasyon fotonları yayarlar. Sonuçta elektriksel ve manyetik alanla birlikte radyasyon özelliği olan bir olgu söz konusudur (2). Herhangi bir radyasyon kaynağının "kuvvet" ya da "şiddetinin" ölçümü nadiren radyasyon ve alan özelliklerini birlikte verir. Bu nedenle yapılan ölçümler bu iki özellikten birinin miktarını vermelidir. Ölçümün radyasyon mu yoksa alan özelliği mi olduğu frekans ve/ya da dalgaboyları da hesaba katılarak belirlenir (2).

Ölçümle ilgili bu sorunlar yakın ve uzak alanla ilişkilidir. Yakın alan, kaynaktan birkaç dalgaboyundan fazla uzak olmayan bölgeyi tanımlar. Uzak alan ise yakın alanın dışında kalan tüm bölgeyi kapsar.

Radyasyon ölçümleri he zaman uzak alanda yapılır. Sözgelimi 75 000 voltluk bir röntgen makinesi, diyelim ki 75 keV X ışını yaysın. Böyle bir makinede yayılan X ışınların frekansı 1, 81 $x10^{19}$ Hz, dalga boyu ise 1, $66X10^{-11}$ metredir (Planck yasası). Bu durumda herhangi bir yakın alan ölçümünün yapılmasına olanak yoktur. Çünkü altı dalgaboyluk uzaklık topu, topu 1 angström uzunlukta olacaktır ki bu bir metan molekülün çapıdır. Sonuçta uzak alanda yapılacak her ölçüm radyasyon ölçümüdür, dolayısıyla birimi milirem/saat ve benzerleridir (1, 2).

Radyasyon ters kare kuralına göre davranır ve şiddeti ölçüm noktasıyla kaynak arasındaki uzaklığın karesiyle ters orantılı olarak azalır (2).

Yakın kızılaltı, IR-A			750 nm-2000 nm
Orta kızılaltı, IR-B			0, 002-0, 02 mm
Uzak kızılaltı, IR-C			0, 02 -2 mm
Radyofrekans/Mikrodalga			**2 mm-10 km**
Mikrodalga	1, 2 meV-1, 2 μeV	300 GHz-300 MHz	1 mm-1 m
Son derece yüksek frekanslı (EHF) mikrodalga		300-30 GHz	1 mm-10 mm
Süper yüksek frekanslı (SHF) mikrodalga		30-3 GHz	10-100 mm
Ultra yüksek frekanslı (UHF) mikrodalga		3000-300 GHz	100 mm-1 m
Çok yüksek frekanslı (VHF) radyofrekansın en kısa dalgaboylu bölümü		300-100 MHz	1-3 m
Radyo frekans	1, 2 μeV-1, 2 neV	300 MHz-300 KHz	1 m-1 km
Çok yüksek frekanslı (VHF)radyofrekans		100-30 MHz	1-10 m
Yüksek frekanslı (HF) radyofrekans (kısa)		30-3 MHz	10-100 m
Orta frekanslı (MF) radyofrekans (orta)		3000-300 kHz	100-1000 m
Düşük frekanslı (LF) (uzun)		300-40 kHz	1-10 km
Alt radyofrekans bantları			**10 km-10 000+ km**
Çok düşük frekans (VLF)		30-3 kHz	10-100 km
Ultra düşük frekans (UHF) (ELF 3)		3000-300 Hz	100-1000 km
Süper düşük frekans (SLF) (ELF 2)		300-30 Hz	1 Mm-10 Mm
Son derece düşük frekans (ELF) (Güç frekansı bandı) (ELF 1)		30-3 Hz	10 Mm->100 Mm

Kozmik ışınlar enerji değeri en yüksek bu nedenle de potansiyel olarak en tehlikeli ışınlardır. Büyük oranda yüksek hızlı yüksek enerjili protonlardan oluşur ve çoğu milyonlarca veya trilyonlarca elektron voltluk enerjiye sahiptir. Uzaydaki herhangi bir yüksek enerjili olay bunların salınımına yol açabilir. İnsanoğlunun şansı bu ışınların yeryüzüne düşen miktarının az olmasıdır. Dolayısıyla kozmik ışılara bağlı zararlar göreceli olarak düşüktür.

Nükleer radyasyon tanımsal olarak atomların çekirdeğinden kaynaklanan radyasyon anlamına gelir. Bazı görüşlere göre nükleer radyasyonun elektromanyetik radyasyon grubunda sayılmaması gerekir. Çünkü elektromanyetik radyasyon saf enerji fotonlarından oluşurken, nükleer radyasyon enerji fotonları ya da kütlesi olan fotonlardan oluşabilir (1). Ancak iyi bilinen enerji kütle ilişkisi nedeniyle bunların bu gruptan sayılması doğaldır.

Güneşten sürekli yayılan radyasyon 290-2000 nm arasında değişir. En yoğun olarak yayılanlar görünür ışık sınırındakilerdir. Güneşten yayılan radyasyon atmosferden geçerken değişikliğe uğrar. Atmosferin üst katmanlarındaki ozon en yüksek enerjili ultraviyoleyi soğurur. Kızılaltı radyasyon su buharı tarafından tutulur ve diğer dalga boyları da duman, toz ve gaz moleküllerinden geçerken değişikliğe uğrar (2).

Mutlak sıfır sıcaklık değerinin üzerindeki bütün cisimler çoğu kızılaltı olmak üzere radyasyon yayarlar. Düşük sıcaklık değerlerinde sadece uzun dalga boylu radyasyon yayılırken, cisimlerin sıcaklığı arttıkça daha kısa dalga boylular da yayılmaya başlar. Isıtılmış metal, kırmızı bir ışın yayar ancak ısıtma devam ettikçe metal sıcak beyazlığına ulaşır. Çünkü bütün görünür enerji ortaya çıkmıştır. Isıtılan gazlar ultraviyole, görünür ışık veya kızılaltı bölgesinde ışınım yaparlar. Karbon ve elektrik arklarında son derece yüksek sıcaklığa bağlı olarak ultraviyole radyasyon yayılır (2).

Radyasyon etkileniminin biyolojik etkileri, etkilenimin tipine, süresine ve canlının soğurma derecesine bağlıdır (2).

Tablo 3: Radyofrekans ve alt radyofrekans radyasyonun başlıca kullanımları (1, 2, 9)

	Bant		**Kullanıldığı yer**
Radyofrekans bantları	Çok yüksek frekanslı (VHF) radyofrekans		Daha düşük frekanslı yayın standart televizyon (54-72, 76-88 MHz, kanal 2-6), daha düşük frekanslı FM radyo (88-100 MHz), dielektrik ısıtıcılar, diyatermi makineleri, bazı halk bandı radyolar, bazı hücresel telefonlar, vb.
	Yüksek frekanslı (HF) radyofrekans	Kısa dalga (SW)	Plazma işlemciler, dielektrik ısıtıcılar, değişik kaynak tipleri, bazı kısa dalga radyolar, sıcak etkisiyle kapatma vb.
	Orta frekanslı (MF) radyofrekans	Orta dalga (MW)	Plazma işlemciler, AM radyo, değişik kaynak tipleri, bazı kısa dalga radyolar vb.
	Düşük frekanslı (LF)	Uzun dalga (LW)	Katot ışınlı tüpler ya da video gösterim uçbirimleri.
Alt radyofrekans bantları	Çok düşük frekans (VLF)		Katot ışınlı tüpler, video gösterim uçbirimleri (video geri dönüş frekansları), bazı hücresel telefonlar, uzun mesafe denizcilik yöngüdüm yardımı (LORAN), vb.
	Ultra düşük frekans (UHF)	ELF 3	İndüksiyon ısıtıcılar
	Süper düşük frekans (SLF)	ELF 2	Standart elektrik gerilimi (50 Hz, 60 Hz), ev araçları, denizaltı suiçi iletişimleri, vb.
	Son derece düşük frekans (ELF) (Güç frekansı bandı)	ELF 1	Denizaltı, suiçi iletişimi vb.

Radyasyon terskare kuralına göre davranır ve şiddeti ölçüm noktasıyla kaynak arasındaki uzaklığın karesiyle ters orantılı olarak azalır (1).

Yakın alan ölçümleri (ayrı elektriksel ve/ya da manyetik alan ölçümleri) göreceli olarak kolaydır çünkü ölçümler yakın alanda tamamlanır. Bu bölgede bu iki alanın özgül, ayrı ve bağımsız ölçümleri yapılabilir.

Yakın alanda bulunan elektriksel alanlar kaynağın voltaj özelliklerince oluşturulurken, manyetik alanlar kaynağın elektrik akımıyla oluşur. Elektriksel alanlar elektrik yükünün varlığıyla, manyetik alanlar ise elektrik yükünün fiziksel hareketi ile yani elektrik akımıyla ilişkilidir (13). Elektriksel alan elektrik yükü üzerine kuvvet uygular. Elektriksel alan kuvvetleri volt/metre, volt kare/metrekare, milivat/santimetrekare olarak ölçülebilir.

Manyetik alan şiddetleri ise amper/metre, miliamper/metre, amperkare/metrekare ve milivat/santimetre olarak ölçülür.

Manyetik alanlar da elektriksel yükler üzerine fiziksel kuvvet uygular ancak bu etki söz konusu yükler hareket halindeyken olur. Elektriksel ve manyetik alanların boyutu ve doğrultusu vardır. Yani bunlar vektörsel kuvvetlerdir.

Manyetik alan iki yolla tanımlanabilir. Manyetik alan yoğunluğu Tesla (T), manyetik alan şiddeti ise Amper/metre ile gösterilir (13). Bu iki miktar:

"Manyetik akı yoğunluğu=μ X Manyetik alan şiddeti" formülüyle gösterilen bir ilişki içerisindedir. Burada μ orantısallık çarpanıdır (manyetik geçirgenlik). Hava boşluğunda, havada, manyetik olmayan maddelerde bu katsayı (biyolojik olanlar da bunlar arasındadır) eğer Henry/metre ile ifade edilecekse 4pi $x10^{-7}$ 'dir. Bu nedenle bir manyetik alan, koruyucu amaçlarla tanımlanacaksa sadece manyetik akı yoğunluğu ya da manyetik alan kuvvetinin belirlenmesi yetecektir (13). Ancak alan yakınındaki etkilenimler için her ikisinin de ölçümü gerekir. Elektrik, manyetik, elektromanyetik ve doz ölçümüyle ilgili SI birimleri Tablo 9'da verilmiştir (13) lığı ve tanı olanakları yaygınlaşmasının en önemli nedenidir. MRI sadece yumuşak doku görüntülemesi sağlamakla kalmamakta, kan akımı, doku perfüzyon kan oksijenlenmesiyle ilgili işlevsel görüntüler de sağlamaktadır (10, 11).

MRI sistemlerinde kullanılan statik manyetik alanlar 30-70 mikroteslalık doğal zemin yermanyetik alanından 10 000-200 000 kat daha faza manyetik alanlar kullanmaktadır. Halen klinik bir MRI manyetik alan şiddeti 1, 5 Tesladır. 1990'ların başında 3 Tesla-da çalışan MRI lar geliştirilmiş ve nörogörüntüleme merkezlerinin yeğlediği araç olmuştur (10, 11). Son zamanlarda birkaç araştırma merkezinde 7 -9, 4 Tesla arasında ultra yüksek tarayıcılar kullanılmaya başlanmıştır.

Oluşan elektromanyetik alan, hareketin hızı ve doğrultusuyla bağlantılıdır. Alanın çevresinde ya da içinde harekete bağlı bu tip değişimler 2-3 Teslanın üzerindedir; bulantı, kusma, nadiren oluşan manyetik fosfen algılamaları bildirilmiştir. Bu bildirimler hastaların yanı sıra, gönüllüler ve çalışan personelle de ilgilidir (10). Vücutta indüklenen alanlar ve akımlar kimi zaman sinir uyarılma eşiğinin üzerine çıkabilmektedir, ancak bu tip etkilerle ilgili herhangi bir araştırma yayınlanmamıştır (10, 12, 13).

Bazı araştırmalarda ve özelleşmiş ekiplerce kullanılan yeni geliştirilmiş araçlar 10 Teslaya kadar alanları kullanabilmektedir.

Bu alanlarla ilgili epidemiyolojik araştırma çok azdır ve genellikle kanser üzerinde yoğunlaşmışlardır.

Üreme ve diğer sonuçlarla ilgili bazı raporlar da bulunmaktadır. İşle ilgili olarak yapılan bazı çalışmalar bulunmakla birlikte etkilenim değerlendirmeleri yetersizdir.

Sonuçta bunların etkileriyle ilgili bir sonuca varabilmek açısından eldeki çalışmalar yetersizdir (3, 14).

Statik manyetik alanların sağlık etkilerinin gösterilebilmesi amacıyla çok sayıda biyolojik çalışma yapılmıştır. Bunlar arasında in vivo ve in vitro çalışmalar ve insan gönüllü denekler üzerindeki çalışmalar sayılabilir. Manyetik özelliği olan biyolojik moleküller sözgelimi hemoglobin, rodopsin (görme pigmenti), serbest radikal-

Ultraviyole ışınları CIE[1] tarafından V-A, UV-B ve UV-C olmak üzere üç tipe ayrılmıştır. (1, 2, 6, 14). Bu üç tiple ilgili dalga boyları Tablo 2'de gösterilmiştir (1, 2, 11, 12).

Tablo 3: Ultraviyole ışın tipleri (1, 2, 11, 12)

Radyasyon tipi	Enerji değeri	Frekans	Dalga boyu sınırı
Ultraviyole	6, 2-3, 1 eV	1500-750 THz	200-400 nm
UV-C			8-250 nm
UV-B			250-320 nm
UV-A			320-400 nm

Dikkat edilirse UV-C 8 nanometreden başlatılmaktadır (1). Klasik halk sağlığı kitaplarında iyonlaştırma özelliği göz önüne alınarak:

-UV-A: 320-400 nm

-UV-B: 280-320 nm

-UV-C: 200-280 nm.

Biçiminde gruplandırılmaktadır. UV-A bu üç ultraviyole tipin en az tehlikelisidir, ancak gözlerde katarakt yaptığı belirlenmiştir. UV-B ve UV-C fotokeratit gibi göz etkilenimlerine yol açar (1).

Güneş ışınları atmosferden geçerken ozon, su buharı, oksijen ve karbondioksit tarafından UVC ve UVB'nin yaklaşık %90'ı soğurulmaktadır. Atmosfer UVA miktarını çok az etkiler. Bu nedenle dünyaya gelen ultraviyole, UVA ve az miktarda UVB'den oluşmaktadır (14).

Dünyamıza gelen ultraviyole miktarının başlıca belirleyicisi ozon tabakası olmakla birlikte başka etmenler de etkilidir. Güneşten dünyaya gelen ultraviyole ışınları mevsime, günün saatlerine, enleme ve özel atmosfer koşullarına göre değişiklik gösterir (2). Ozon seviyesi yılın boyunca hatta günün saatlerine göre değişebildiğinden etkilenim de değişebilir. Bunlardan biri enlemlerdir. Güneş ışınları dik açıyla gelmeleri nedeniyle ekvatorda daha etkilidir. Ekvatora yaklaştıkça alınan ultraviyole miktarı artar (2, 14).

1 Commission Internationale D'Eclairage

Tren enerji etkilenimler genellikle sınırların altındadır. En yüksek manyetik alan yoğunlukları motorlar, transformatörler ve ısıtıcıların yakınındadır. Bir elektrikli süpürgenin 5 cm uzaklığında manyetik akı yoğunluğu 40 mikrotesla, 1 metre uzağında 0, 2 mikroteslادır. Avrupa toplumlarında, toplumun çok az bir yüzdesi 9, 2 mikroteslalık medyan manyetik alan etkilenimine ulaşabileceği belirtilmektedir (3).

Enerji nakil hattında akmakta olan akım zaman içinde değiştiğinden manyetik alanla ilişkilidir. Manyetik alan değerlendirilmesinin tek güvenilir yolu gausmetre ile ölçüm yapılmasıdır. Tek ve üç eksenli gausmetreler vardır. Üç eksenliler alanın bütün yönlerdeki vektörsel toplamını doğrudan verir (16).

Çevremizde birçok kaynak söz konusu alanların oluşumuna yol açabilir. En belirgin örnek 110 ve 400 kV ve 50-60 Hz te çalışan yüksek gerilim isale hatlarıdır. Bu hatlardan geçen kimselerin etkilenimleri 2-5 kV/m elektrik alan kuvveti olabilir. Bunların altında 40 mikroteslaya kadar manyetik akı alanları oluşabilir. Bu değerler doğrudan hatların altındaki değerlerdir. Ayrıca 10-30 kV'luk isale hatlarıyla 400 V'luk dağıtım şebekeleri de hesaba katılmaktadır. Bunlarla ilgili değerler 100-400 V/m ve 0, 5-3 mikrotesla arasındadır. Bu etkilenimler anlık etkilenimlerdir (3)

ABD'de 1990'lı yılların ortasında yapılan büyük ölçekli ELF EMF etkilenim çalışması Amerikan toplumunun yarısından fazlasının ortalama 1 mG'tan az manyetik alan etkisi altında kaldığını, yaklaşık %6'sının 24 saatlik ortalama değer olarak 3 mG'dan fazla etkilendiğini, aşağı yukarı %0, 5 ya da 1 milyondan fazla Amerikalının 10 mG'un üzerinde bir etkileniminin söz konusu olduğunu göstermiştir (16, 17). En fazla etkilenim işyerinde en az etkilenim gece uyku sırasında olmaktadır.

Yüksek gerilim hattının yakınındaki elektrik alan hattın voltajına ve değişik yüklü kondüktörlerin hatta ne kadar yakın olduğuna bağlıdır (11). Simetrik sistemlerde elektriksel alan uzaklıkla daha hızlı düşer. Üstten geçen hatlarda en yüksek elektriksel alan kuvveti 10 kVm^{-1} tır (11, 18, 19).

ABD'de 321 hatta yapılan ölçümlerin sonuçları şu şekildedir: 115 kV'luk iletim hatlarının hemen altında ortalama manyetik alan miryolu işçileri, çobanlar, denizciler, çelik atölye ve fabrikalarında çalışanları, tütün ışınlayıcılar, D vitamini üreticileri ve benzerlerinde yüksektir (2).

Az miktarda ultraviyole raşitizmin önlenilmesi için çok önemlidir. Ultraviyolenin 7-dehidrokolesterol ya da diğer ilgili bileşikler üzerine etkilemesiyle Vitamin D oluşur. Ancak yüksek miktarda ultraviyole sağlık açısından tehlikeli sonuçlara yol açar. Yaz aylarında el ve yüzün 15 dakika güneş alması yeterli D vitamininin oluşmasını sağlar. D vitamini besinlerde de bulunur. Normal bir diyet kış aylarında bile yeterli D vitamini sağlamaktadır (1, 6, 14).

Tıbbi denetim altında olmak koşuluyla ultraviyole raşitizm, sedef hastalığı ve egzama tedavisinde de kullanılır. Etkilenim sınırı hekim muayenesiyle belirlenir (14).

Ultraviyoleden etkilenen başlıca organlar deri ve gözlerdir. Nükleik asitler ve proteinlerce güçlü bir biçimde soğurulur. Bitki ve sineklerde ultraviyoleye bağlı mutasyonlar olabilmektedir. Deriden geçişinin az olması nedeniyle insanlarda mutasyon görülmez. Kısa süreli etkilenimle insanda dört çeşit etki görülmektedir (2):

1. Pigment koyulaşması
2. Kızarıklık (güneş yanığı)
3. Kararma (pigment artması)
4. Hücre büyüme değişiklikleri

Ultraviyole ışınları derialtı dokusuna geçmez. Derinin en dışta olan ve 0, 03 mm kalınlığındaki boynuzsu tabaka kısa dalgaboylu ultraviyole ışınlarını soğurur. Daha uzun dalga boyları deriden geçer ve en uzun dalgaboyları Malpigi tabakasına kadar ulaşır. Kararma 300-400 nm dalga boylarıyla ortaya çıkar. Güneş yanığı genellikle 1, 5 saatten önce olmaz, 54 nm de 12 saat, 297 nm de 48 saat en yüksek etki zamanıdır.

Rengin kararması melanin pigmentinin yüzeysel deri hücrelerine göçmesi ve melanin pigment yapımının artmasıyla olur. Deri koyulaştıkça koruyucu etki yapar ve en koyu halinde kızarıklık oluşma eşiğini 2-10 kat artırır. Daha sonraki etkilenimler ise bu eşiği düşürür. Ultraviyole ışınları tirozinin dihidroksifenol 1-alanine oksitlen-

Elektrik donanımları ve araçlarının çok yakınında çok yüksek elektromanyetik alanlar oluşur ancak uzaklıkla enerji nakil hatlarına göre daha büyük bir hızla azalır. En yüksek etkilenim düzeyi mikrodalga fırınlar, saç kurutucuları ve bazı elektrikli battaniye tipleridir (16, 17). Bu tür araç-gereçlerden etkilenim, aletin yaşına, kullanım sırasında kişiden uzaklığına, kullanım sıklığına göre değişmektedir. Bu etkilenimler kısa süreli ve aralıklı olduğundan kronik etkilenimi değerlendirmek oldukça güçtür (11).

İrlanda'da enerji hatlarının yakınında ölçülen ortalama ve en yüksek elektriksel ve manyetik alan değerleri Tablo 5'te verilmiştir (24)

Tablo 5:İrlanda'da elektrik hatlarının yakınında ölçülen ortalama ve en yüksek elektromanyetik alan değerleri (24)

İsale hattının tipi	Kullanımı	Manyetik alan (mikro Tesla)				
		En yüksek istimlâk sınırı	Hattan uzaklık			
			15 m	30 m	61 m	91 m
115 kV	Ortalama	3	0, 7	0, 2	0, 04	0, 02
	En yüksek	6, 3	1, 4	0, 4	0, 09	0, 04
230 kV	Ortalama	5, 8	2, 0	0, 7	0, 18	0, 08
	En yüksek	11, 8	4, 0	1, 5	0, 36	0, 16
500 kV	Ortalama	8, 7	2, 9	1, 3	0, 32	0, 14
	En yüksek	18, 3	6, 2	2, 7	0, 67	0, 30

Çalışanların etkilenimleri

Bir enerji santralinde 20 kV/m ölçümler belirtilmektedir ve mesleki etkilenimle ilgili sınırlar 004/40/EC direktifinde verilmiştir. Elektrik ark fırınları ve elektrikle yapılan kaynak işlemlerinde ara frekans değerlerine ulaşıldığı belirtilmektedir. Kaynak aygıtlarının yakınında yüzlerce mikroteslalık değerlere ulaşılabilmektedir. Bu değerler genellikle kaynak akımına ve uygulamanın tipine bağlıdır (3).

Tıbbi uygulamalar

ELF sınırındaki akımlar tedavi amaçlı olarak kemik büyümesini uyarmak için kullanılmaktadır. İyileşmenin hızlandırılması amacıyla kırık bölgesine uygulanan sarmallardan akım geçirilmektedir. Diğer uygulamaları arasında transkranyal manyetik uyarım, yara iyileşmesi ya da ağrı tedavileri sayılabilir. Kanser belirlenmesi amacıyla yapılan biyoempedans ölçümleri tanısal örnekler arasında sayılabilir (3).

ELF-EMF ETKİLERİ

Son yirmi-otuz yıldır son derecede düşük elektromanyetik alanların ve radyofrekans dalgalarının etkilerini belirlemeye yönelik olarak değişik deneysel biyolojik modeller geliştirilmiştir. Gerek epidemiyolojik gerekse deneysel çalışmalardan elde edilen veriler çok farklı veri analiz yöntemleriyle değerlendirilmiştir. Ancak bu alanların etkisiyle ilgili olarak yaygın kabul gören hipotezlere ulaşılamamıştır. Muhtemelen karşılaştırılabilir çalışma sonuçlarının azlığı, yaklaşımların son derece farklı olması en önemli nedenlerden biridir (25).

Yeterince güçlü alanların sağlık etkisiyle ilgili bazı biyokimyasal mekanizmalar da belirlenmiştir. 100 Hz e kadar alanlarda oluşan akımlara bağlı olarak sinir ve kas hücrelerinin uyarılması esas alınırken, daha yüksek frekanslarda doku ısınması başlıca mekanizma olarak kabul edilmektedir (3). Dışsal elektromanyetik alanlar vücut dokularında içsel elektriksel alanlar oluşturmakta ve bu alanlar sinirsel etkinlikleri etkileyebilmektedir. Ancak bu etkilerin meydana gelebilmesi için gerçek alan şiddetinin ne olduğu konusunda kesin karar verilememiştir. Genellikle önerilen değerler sinir etkilenimi açısından 1000 mikrotesla ya da 5/ kV/saat olarak bildirilmektedir (7).

Bilimsel biyoloji dergilerinde kuş ve hayvanların yön bulmakta yermanyetik alanlardan nasıl yararlandıklarına, bunlardaki yönlenim sınırının 0, 2 mikro Tesla düzeyinde olduğuna, balıkların bazı düşük manyetik alanları belirleyebildiklerine yönelik çok sayıda yayın bulunmaktadır (7). Gelecekte bu çalışma sonuçlarının sinir kararmış bir deri güneşten ancak SPF[3] 4 düzeyinde koruma sağlar. Dikkat edilirse kararma güneşten korunmaya yönelik bir savunma mekanizması yani " bir vücut tepkisidir". Bulutlu havalarda da güneş yanığı olur. Su ultraviyoleden korumaz aksine yansıyan ışınlar nedeniyle yanmayı kolaylaştırır. Kışın güneş yanıkları olabilir. Güneş yağları güneşlenme süresini uzatmak için kullanılmamalıdır. Ancak kaçınılamayan etkilenimlerde korunabilmek için kullanılır. Aralıklı güneşlenme yanıkları önlemez. Gün içindeki etkilenim birikimsel etki yapar. Ultraviyoleye bağlı güneş yanıkları sıcaklıkla ilişkili değildir. Sıcaklık kızılaltı ışınlarıyla ilişkilidir. Bu nedenle havanın sıcak olmaması güneş yanıklarını önlemez.

Dünya Sağlık Örgütü Ultraviyoleden korunmak için aşağıdaki mesajları vurgulamaktadır (14, 18):

-Gün ortasına yakın saatlerde güneşlenmekten kaçınılmalıdır. 10. 00-16. 00 saatleri arasında güneşe olabildiğince az çıkılmalıdır.

-Gölgede oturulmalıdır. Ancak ağaç, şemsiye vb güneşten tam korunma sağlamadığından kendi gölgenizi izleyin. Gölgeniz kısaldıkça, güneşten korunma gereksinimi de artar.

-Koruyucu, sıkı dokunmuş, bol, açık renk giyecekler giyilmelidir.

-Göz, yüz ve boynu korumak üzere geniş kenarlı panama şapka giyilmelidir.

-Gözleri yandan ve üstten de koruyan güneş gözlükleri takılmalıdır.

-Bol miktarda SPF15+ olan güneş yağları iki saatte bir sürülmelidir.

-Bebek ve çocuklar korunmalıdır. Çocukluk döneminde aşırı güneşlenme deri kanseri riskini artırmaktadır. 15 yaşın altındaki bütün çocukların deri ve gözleri duyarlıdır. Bir yaşın altındaki bebekler doğrudan güneşe çıkarılmamalıdır. Yaşam boyu UV etkileniminin büyük bölümü 18 yaşından önce olmaktadır.

---

3 sun protection factor

larda lösemi insidansının arttığı konusunda görüş birliği vardır. Laboratuar ve hayvan çalışmalarında destekleyen bazı bulgulara rağmen ELF elektromanyetik alanların kanseri nasıl oluşturduğu ya da gelişimini sağladığına yönelik yaygın kabul gören bir mekanizma ortaya konulamamıştır (16, 17). Konuyla ilgili ayrıntılar için temel halk sağlığı kaynaklarına bakılması yararlı olacaktır (3, 11, 16). Bazı özgül kaynaklardaki tartışmalar konunun bütünün kavranması ve güçlüklerin anlaşılması açısından çok yararlı olabilir (25).

Yüksek gerilim hatlarıyla çocukluk kanserleri arasındaki ilişkiyi ilk kez 1979 yılında Nancy Wertheimer ve Ed Leeper ileri sürmüştür (16, 27). En son yapılan birbirinden bağımsız iki meta analiz yapılan uygun epidemiyolojik araştırmaların sonuçlarına dayanarak 3-4 mG'luk manyetik alan etkileniminin çocukların lösemi geliştirme riskini iki katına çıktığını ortaya koymuştur (3, 16, 18, 29-31).

Yüksek gerilim hatlarının yakınında yaşayanlarda da ilişki bulunmuştur. Haziran 2005'te İngiltere'de Çocukluk Kanser Araştırma Grubu yüksek gerilim hattına 200 metre yakın olarak yaşayanlarda lösemide %70 artım olduğunu belirlemiştir (16, 18, 32).

Konutsal ya da yerleşim yeri etkilenimi dünyada fazla değişmemektedir. Evlerdeki manyetik alan geometrik ortalamaları Avrupa'da 0, 025-0, 07 mikrotesla arasında ABD'de ise 0, 055 - 0, 11 mikrotesla arasında değişim göstermektedir. Evlerdeki elektrik alan ortalama değerleri onlarca volt/metre arasında değişmektedir. Bazı araçların yakınında ani manyetik alanlar birkaç yüz mikrotesla olabilir. Yüksek gerilim hatlarının yakınında bu 20 mikroteslaya ulaşmaktadır. Elektriksel alanlar ise binlerce volt/metre olur. Konutsal olarak 50 ya da 60 Hz manyetik alan etkileniminde kalan çocuklarda bu düzey artımlarının çocukluk lösemi insidans artımıyla ilişkili olduğu gösterilmiştir. Aşağı yukarı %1-4'ü ortalama 0, 3 mikrotesla, %1-2'si ortalama 0, 4 mikroteslanın üzerinde etkilenim altındadır (11).

Laboratuar ve hayvan deneyleriyle desteklenmemiş olması ilişkiyi zayıflatmaktadır. Ancak bu durum elektromanyetik alan etkileniminin hangi yönünün kanser riski artımına yol açtığı konusundaki bilgilerimizin eksikliğine bağlı olabilir (16). Bu bilgi eksikliği araş-

GÖRÜNÜR IŞIK

Görünür ışık dalga boyları 400-700 nanometre olan radyasyondur (2, 20, 21). Ancak tungsten ya da diğer tellerin kızdırılmasıyla; cıva ya da neona elektrik akımı verilmesiyle de oluşabilir. Ortaya çıkan ultraviyole ampulün camı tarafından soğurulur (2).

Biyolojik etkisi önemli değildir. Zararı, kaynağın enerjisi ile etkilenim süresinin bileşimine bağlıdır. Bu etmenlerin belirli bileşimleri gece ve renkli görmede azalma gibi önemli tehlikeler yaratır. Şiddetli parlak ışık görme alanında beneklenmelere yol açabilir. Yoğun ve parlak ışık uzun süre parlak güneşe bakıldığında olduğu gibi retinada pıhtılaşmaya yol açarak kalıcı skotomlara neden olabilir. Aşırı güneş ışığının etkisine bağlı olarak kar körlükleri ortaya çıkabilir. Bu durum konjonktivit, keratit ve fotofobiye yol açabilir. Aşırı etkilenim durumunda körlükler olabilir. Sözgelimi çok kısa süreler bile güneşe doğrudan bakılması görmeye zarar verir. Lazer etkilenimleri de bu açıdan değerlendirilmelidir (1, 2).

Yakın kızılaltı ile birlikte görünür ışığın özel kullanımlarında koruyucu araç kullanılmalıdır.

AYDINLATMA

Işık miktarı standart uluslararası muma dayanan mum gücü ile ölçülür. Uluslararası standart ışık şiddeti Mum (M) dur. Platinin ergime sıcaklığı olan 1773 santigrat derecede olan siyah bir cismin bir santimetrekarelik yüzeyinin kendisine dik bir doğrultuda verdiği ışık şiddetinin 1/60'ına 1 Mum denmektedir. Işık şiddeti birimi; yaklaşık olarak bayağı bir mumun ışık şiddetine eşittir.

Görünen ışığın akış hızına ışık akısı denir. Teknik tanımıyla "bir ışınım akısının, bağıl ışık etkinliğine göre değerlendirilen bir ışıksal duyulanma doğurma yeteneğini anlatan, niteleyici büyüklüğüne" ışık akısı denir. Işık akısı birimi lümendir. 1 Lümen (L), Işık şiddeti 1 mum olan, eşit dağıtımlı bir nokta kaynağının 1 steradyan içine yayımladığı ışık akısıdır. Steradyan bir kürenin merkezini tepe olarak alan ve küre yüzeyi üzerinde, kenarı bu kürenin yarıçapına eşit bir kare kadar alan ayıran, uzayaçı birimidir (sr).

2002 yılında 7 milyon dolardan fazla bir maliyeti olan 8 yıllık çalışmanın sonunda Kaliforniya Sağlık Hizmetleri Departmanı elektromanyetik alanların sadece çocukluk lösemisi değil, aynı zamanda erişkin beyin kanseri, amyotrofik lateral skleroz ve düşüklere de yol açtığını bildirmiştir (16, 37-39).

Ancak nörodejeneratif etkiler üzerinde durulmaya değer bulunmaktadır ve bu açıdan özellikle amyotrofik lateral skleroz ve Alzheimer hastalığı üzerinde durulmaktadır (3, 28).

Bütün sinir sistemi kanserlerinin %90'ı beyin çevresindedir. Beyin ve sinir sistemi kanserleri oldukça nadir ve hızla fatal sonuçlanan kanserlerdir. ABD'de insidans hızı yüz binde altıdır (40). Beyin kanserleri erkeklerde kadınlardan fazla görülür. EMF etkilenimine bağlı olduğu düşünülen iki alt tip glioblastoma ve astrositomadır. Beyin ve sinir sistemi kanserleri 0-19 yaş arasında ikinci en sık kanser grubunu oluşturur. Beyin kanserlerinin risk faktörleri arasında elektromanyetik alanlara ek olarak organik çözücüler ve haşerekıranlar da sayılmaktadır. Çiftçiler ve boyacılarda risk artımı görülmekle birlikte buna yol açan özgül bir etken belirlenememiştir. Beyin kanserleri N-nitrozo bileşikleri ve halometanlarla da ilişkilendirilmektedir (25).

Konut etkilenimiyle ilgili çalışmalar risk artımı göstermemiştir ancak bu durum evsel etkilenimin düşük olmasıyla ilişkili olabilir (16, 41-43).

EMF etkileniminde kalan işçilerde yapılan çalışmalara göre çocukluklarında evsel etkilenim altında kalan çocuklarınkine göre daha az olsa bile lösemi ve beyin kanserlerinde artım eğilimi vardır. Amerika'da ilgili endüstri kuruluşunun desteklediği çalışmalar her iki kanser tipiyle ilgili küçük ancak istatistiksel olarak önemli ilişki olduğu sonucunu vermiştir (16, 44, 45).

Avrupa Birliği Teknik Komitesi çocukluk lösemisiyle ilgili verilere dayanılarak varılan olası kanserojen tanımının halen geçerli olduğunu vurgulamaktadır (3)

İşle ilgili çalışmaların çoğu elektromanyetik alan etkilenimine dayanmaktadır. Ancak bazı çalışmacılar elektriksel alanlar esas

Görme için temel aydınlatma miktarı konusunda yetkililer arasında görüş farklılıkları vardır. Görme keskinliği ve görme hızı 10 mum metreye kadar hızla artarken 20 mum metreye kadar yavaş artmaktadır. Bu nedenle en uygun koşullarda görme aydınlatmasının 15-20 mum metre olması gerekmektedir.

Koyu renklerde cisimle zemini arasındaki renk zıtlığının artmasında olduğu gibi yansıma faktörü azaldığında, iyi bir görme keskinliği ve görme hızının sağlanabilmesi için daha yüksek aydınlanma düzeyleri gereklidir. Sürekli ve ince iş için daha yüksek düzeyler gereklidir. Görmesi bozuk ya da diğer göz bozuklukları olanlar normal kimselere göre daha fazla aydınlanma düzeylerine gereksinim duyarlar. Cismin renk ve parlaklığı ile yakın çevresi arasındaki zıtlık iyi olduğunda, cisim normal büyüklükte olduğunda, sürekli bir çalışma için cisim üzerinde 30 mum metrelik bir aydınlatma gerekmektedir. Zıtlık iyi olmadığında ve cisim küçük olduğunda en düşük aydınlanma düzeyi 50 mum metre olmalıdır. Belirli koşullarda daha yüksek düzeyler gerekir (2, 23).

Parlaklık ve kamaşma: Bir ışık kaynağından ya da cisimden yansıyarak göze gelen ışık miktarı kaynağın ya da cismin parlaklığı olarak tanımlanmaktadır. Lambert birimiyle ifade edilir. Her ne kadar göz dışarıdaki gün ışığı gibi yüksek parlaklık düzeylerine uyum sağlayabilirse de merkezsel görme alanı ile çevre arasındaki parlaklıktaki yüksek zıtlıklara dayanamaz. Bu tip zıtlıklar görmeyi etkiler ve rahatsızlık duygusu verir. Bir cismin bulunduğu ortamdan seçerken görme keskinliği ortam merkezsel görme alanı ile aynı parlaklıkta olduğunda en büyüktür. Merkez görme alanının parlaklığı asla ortamınkinden az olmamalıdır (2).

Parlaklık zıtlıkları parlak ışık kaynakları görme alanında olduğu zamanlarda da ortaya çıkar. Eğer göz yüksek aydınlanma düzeylerine uyum sağladıysa ve zıtlık büyük değilse, görme alanındaki parlak ışık rahatsızlık vermez. Kamaşma duygusunun derecesi ışık kaynağından uzaklığa, gözün odaklandığı cisme göre ışık kaynağının parlaklığına bağlıdır. Parlak yüzeylerden aşırı yansımaya parlama denir, bir rahatsızlık duygusu yaratır ve cismin sınırlarının bütü-

Düşük frekanslı manyetik alanların sıçan DNA'larında tek ve çift sarmal kırılmalarına yol açtığı gösterilmiştir (16, 73, 74). Fare canlı deneylerinde (16, 75, 76) ve in vitro olarak (16, 77, 78) genotoksik etkiler saptanmıştır.

350 miligaus (35 mikrotesla) büyüklüğündeki göreceli düşük şiddetle 5 dakika etkilenim 10 dakika etkilenimsiz dönem biçimindeki darbeli elektromanyetik alan etkileniminin DNA üzerinde en kuvvetli etkiyi yaptığı gösterilmiştir (16). Bazı çalışmacılar elektromanyetik alan-DNA etkilenimlerinin anlaşılmasında anahtarın serbest radikaller olduğunu belirtmektedir çünkü serbest radikal çöpçüleri DNA sarmal kopmalarını önleyebilmektedir (16, 79). Bir başka grupta kırılmaları serbest radikallere bağlamıştır (80).

Bir diğer mekanizma geceleri pineal bezden salınan güçlü antioksidan etkili doğal bir hormon olan melatonin olabilir. Görünür ışığın pineal bezden melatonin akışını durdurduğu çok eskiden beri bilinmektedir, elektromanyetik alanlar zayıf ta olsa benzer bir etki yapabilir. Endüstrileşmiş ülkelerde meme kanseri insidans artımının elektrik gücünün, gece aydınlatmasının ve elektromanyetik alan etkileniminin artmasına bağlı olabileceği ileri sürülmektedir (16, 81, 82).

İşte (16, 83, 84) ve evde (16, 85) elektromanyetik alan etkileniminde kalanlarda melatonin baskılanmasıyla ilişki gösterilmiştir. Dairesel veya elipssel polarize alanların etkileniminde kalan elektrik hizmetleri işçilerinin melatonin seviyelerinin düştüğü ancak lineer olarak polarize elektromanyetik alan etkilenimlerdekine benzer bir azalma olmadığı gösterilmiştir (16, 86).

Elektromanyetik alanlar sadece pineal salgı bezinden melatonin salınımını değil bunların kanseri durdurucu etkisini de engelleyebilir. 1980'li yıllarda melatoninin MCF-7 meme kanser hücrelerinin büyümelerini durdurabileceği gösterilmiştir (16, 87). Daha sonra 1, 2 mikrotesla ya da 12 miligausluk 60 Hz zayıf alan etkileniminin melatoninin kanser hücreleri üzerindeki çoğalma önleyici etkisini ortadan kaldırabileceğini gösteren çalışmalar da yapılmıştır (16, 88). Bir diğer çalışmada düşük şiddetteki manyetik alanların hücrelerin sinyal istemini bozabileceği sonucuna varılmıştır (16, 89).

Aydınlatma donanımı dört gruba ayrılabilir (2):

1. Herhangi bir gölge ya da parlama yapmayan bütünüyle dolaylı birimler: Bu sistemler pahalıdır ve çok kir birikir. Tavandan iyi bir yansıma gerekir ancak aşırı parlaklıktan kaçınılmalıdır.

2. Doğrudan birimler: Ekonomiktir ancak gölge yapar, parlamaya yol açar, yaygın eşit aydınlanmadan çok noktasal aydınlanma yapar. Başlıca yüksek tavanlar ya da yerel aydınlatma için kullanılır.

3. Yarı dolaylı birimler: Uygun dağıtıcılar takılı, tavan yansıtması uygun ve görme alanında aşırı parlaklığı önleyecek uygunlukta yerleştirildiyseler tatminkârdır.

4. Her santimetre karesinde daha düşük mum gücüne sahip büyük birimler: Uzun flüoresan lambalar, birim alan başına daha yüksek parlaklığı olan yuvarlak tungsten telli ampullere göre daha az yoğun ışık verir. Orta parlaklıktaki büyük birimler doğrudan görme alanına yerleştirilirlerse rahatsızlığa yol açabilirler (2). Doğal ve yapay ışık kaynaklarının parlaklığı Tablo 5 (2), ampullerin aydınlatma özellikleri Tablo 6'de verilmiştir (23).

Tablo 6: Doğal ve yapay ışık kaynaklarının parlaklığı (2)

Işık kaynağı	**Mum/cm^2**
Yeryüzünden güneş	154181, 7
Açık gökyüzünde dolunay	0, 514
1000 W H-6 cıva lambası	35633, 10
400 W H-1 cıva lambası	151, 8
500 W tungsten telcikli ampulde	44, 89
100 W tungsten telcikli ampulde	20, 15
40 W tungsten telcikli ampulde	8, 5
30 W, flüoresan 2, 5 cm tüp (beyaz)	0, 82
40 W flüoresan, 3, 8 cm tüp (beyaz)	0, 60
100 W flüoresan 6, 4 cm (beyaz)	0, 75

Tablo 6: Dolaylı alan etkileri için kadın, çocuk ve erkekleri de kapsayan eşik akım değerleri (6, 94).

Dolaylı etki	Frekansa göre akım sınırları (mA)		
	50/60 kHz	1 kHz	100kHz
Dokunma algılaması	0, 2-0, 4	0, 4-0, 8	25-40
Parmak temasında ağrı	0, 9-1, 8	1, 6-3, 3	33-55
Ağrılı şok/bırakma eşiği	8-16	12-24	112-224
Şiddetli şok/solunum güçlüğü	12-23	21-41	160-320

100 KHz-1 MHz üzerinde algılanabilen ya da ağrıya yol açan eşik akımlar çok az değişir, 110 MHz üzerinde ise çok büyük değişiklikler gösterir. Bunlarda da duyarlılık açısından erkek, kadın ve çocuklar arasında farklılıklar vardır (6). Değme akım etkileri için kadın, çocuk ve erkekleri de kapsayan eşik akım değerleri, %50 persentil değerleri olarak Tablo 7'de verilmiştir (6). Bunlar da gönüllüler üzerinde yapılan çalışmalarda belirlenmiştir.

Tablo 7: Değme akım etkileri için kadın, çocuk ve erkekleri de kapsayan eşik akım değerleri, %50 persentil değerleri (6)

Dolaylı etki	Frekansa göre akım sınırları (mA)	
	100 kHz	1 MHz
Dokunma algılaması	25-40	25-40
Parmak temasında ağrı	33-55	28-50
Ağrılı şok/bırakma eşiği	112-224	Ölçülmemiştir
Şiddetli şok/solunum güçlüğü	160-320	Ölçülmemiştir

Gözkapağı kapalı iken gözküresine basınç uygulandığında görsel bazı duyulanımlar oluşur. Bunlar gözkapağının elektriksel uyarımıyla da meydana gelir. Bu duyulanımlar kararsız ışık algılamaları biçimindedir. Buna retinal ışık noktası ya da retinal fosfen[1] denir. Fosfen, ışık uyarımı olmaksızın ışık duyusu alınması olarak ta açıklanabilir. Retinanın mekanik, elektriksel ya da manyetik uyarımlarına bağlı olarak meydana gelmektedir.

1 Retinal phosphene

yolculuklardaki etkisi üzerindeki araştırmalar giderek artmaktadır (2, 24, 25). Uçakla yapılan yolculuklardan sonra dünyanın dönme hızına eşit hızda zaman kuşakları geçilmektedir. Bunun sonucunda ileri derecede bitkinlik, sindirim sistemiyle ilgili sorunlar, iştah kaybı, aşırı gündüz yorgunluğu, gece uyku düzensizlikleri ile belirgin bir durum ortaya çıkabilmektedir. Bu durum genellikle dört saati aşan saat farklılıklarından sonra ortaya çıkmaktadır. Zaman farkı arttıkça uyumsuzluğun derecesi artmaktadır. İnsan vücudunda hormonların salınımı ve birçok biyolojik mekanizma güneş ışığın ve gündüz gece dönüşümünden etkilenir. Boylam değiştirmeye bağlı olarak değişen ışık etkisi, gündüz gece uzunluklarının değişimi vücutta uyum sorunlarına yol açabilmektedir. Bazı kaynaklar zaman diliminin değişiminin, kısa zaman içerisinde ani saat farklılığı olan bölgelerde bulunmanın ruhsal sorunlarda da artmaya yol açtığını belirtmektedir (25).

Vücutta her türlü ritmik salgılama ve çalışma 24 saatlik güne göre ayarlanmıştır. Temel yönlendirici aydınlık ve karanlık uyaranlarıdır. Aydınlıkta temel etken güneş ışığıdır. Vücut sıcaklığı, hormon düzeyleri, uyanıklık, 24 saatlik düzen içerisinde döngüsel bir özellik göstermektedir. Bu ritimlerin hızlı değişimi önemli düzensizliklere yol açar.

Özellikle doğuya doğru yapılan yolculuklarda olmak üzere söz konusu ritmin yeniden kazanılması zaman almaktadır. Ritmin bozulmasında ve yeniden kazanılmasında önemli bireysel farklılıklar ortaya çıkabilmektedir. Kabaca bir saatlik zamansal değişimin etkisinin ortadan kalkabilmesi için 1 günlük bir dinlenme sürecinin gerektiği belirtilmektedir. Ancak yapılan fizyolojik çalışmalar doğuya doğru 5 saatlik bir zamansal değişimin, 6 günlük bir dinlenme süresi gerektirdiğini göstermiştir. Uyum bir oranda ev dışında geçirilen süreyle de ilgilidir (25).

likle toplumun erişimi engellendiğinden sorun değildir. Kablolar yer altına alındığında yaydıkları manyetik alan azalmasına karşın etkilenim mesafesi 10m'den 1 m'ye düşmektedir. Bu nedenle yer altına alınan hatların yanlarında manyetik alanda belirgin bir azalma olurken, hattın hemen üzerinde yüksek olabilmektedir. Trafoların çevresine de özelliklerine uygun genişlikte koruyucu güvenlik engeli konulmalıdır (11).

İngiltere'de evlerde ortalama ELF manyetik alanlar 0, 05 mikrotesla civarındadır. Evlerde buralara akım sağlayan düşük voltajlı şebeke bağlantılarından kaynaklanmaktadır. Evlerin %0, 4 ünde 0, 4 mikroteslanın üzerindedir. Bu evlerin yarısında evlerin yakınındaki yüksek voltaj hatları buna yol açmaktadır. Evlerdeki araçlarda yüksek alanlar oluşmakta ancak etkilenimler kısa sürmektedir. Evlerde ortalama etkilenim 5-25 V/m arasında değişmektedir (7). İngiltere'de yüksek gerilim hatlarının çevresinde hattın sağ ve sol tarafında 91 m'den daha yakına ev yapılması yasaklanmıştır (103). Hatların geçtiği bölgede çevreye zarar vermesini önlemek üzere bir pay bırakılmakta ya da pratik uygulamasıyla bir istimlâk sınırı oluşturulmaktadır. ABD'de istimlâk hakkı bulunmaktadır ve bu hak, hattın gerilimine bağlı olarak belirlenmektedir. ABD'de, 115 ve 230 kV olan hatlar için istimlâk için güzergâh genişliği 30 m'dir. 345 kV için 45 m, 500 kV için 53 m'dir (104, 105).

Avustralya'da elektrik hatların minimum sıyırma mesafeleri Tablo 8'de gösterilmiştir. Buradaki değerler yangın, çarpılma vb. nedenli mesafelerdir (106).

Tablo 8: Avustralya'da bina ya da yapıların minimum sıyırma mesafesi (106)

Enerji hattının voltajı	Minimum dikey sıyırma mesafesi
275 kV	25 metre
132 kV (tek direkli hatlar hariç)	20 metre
132 kV (tek direkli hatlar)	15 m

Görünür ışık (400-780 nm)	Retina	Retinada zedelenme (retinada termal, akustik ya da fotokimyasal zararlar olabilir)	Fotosensitif tepkiler, deri yanığı
IR-A (780-1400 nm)	Retina, mercek	Retina yanığı, katarakt	Deri yanığı
IR-B (1400-3000 nm)	Kornea, mercek	Kornea yanığı, katarakt	Deri yanığı
IR-C (3000-1000000 nm)	Kornea	Kornea yanığı	Deri yanığı

Lazer etkilenimiyle deri ya da eğer retina üzerine düşerse gözde yanıklar olabilir. Bu durum körlüğe yol açabilir. Lazerler kornea yıkımına yol açabilen ultraviyole ve göz merceğinde matlaşmaya yol açan kızılaltı radyasyonu da yayar (2). Değişik lazer araçlarıyla ilgili eşik değerler önerilmektedir (2).

Bir kaynaktan yayılan ışınım gözle görülüyor ve görme duyusunu uyarıyorsa buna ışık denmektedir. Bir elektrik ampulünden çıkan ışık hızla yayılır ve çevredeki her şeyin görülebilir olmasını sağlar. Lazer ışınları ise çok dar bir dalga boyu yelpazesinden çıkar. Bu dalga boyu öylesine dardır ki lazerlerin tek renkli ve tek dalga boylu kaynaktan çıktığı söylenebilir (28). Işığın dalga boyu metrenin bin milyonda biri olan nanometre ile ölçülür ve nm ile kısaltılır. Lazerler saçılan ya da dağılan dar ışınlar da verir. Kaynaktan uzaklaştıkça bunlar çok azalır. Düşük dağılım özelliği lazer çıktısının büyük oranda doğrultusal olduğunu, bir yüzeye çarptığında kurşun kalem gibi bir noktacık oluşturduğu anlamına gelir. Bu durum 100 metreden büyük uzaklıklarda bile söz konusu olabilir (28). Sonuçta bu ışınları yayan araçlar büyük uzaklıklarda bile zararlı olabilir. Lazerlerle ilgili güvenlik kuralları belirlenirken ışın demetinin gücünün alanına bölünmesiyle elde edilen miktar önemli bir ölçüttür.

Yüksek alanlarla ilgili olarak evlerde gönüllü ölçümler. Düzeltici uygulamaların maliyeti hane sahibince karşılanır	Mevzuat ve düzeltici seçenek gerekmez. Uygulama ve ölçümlerle ilgili anlaşma.	-Kişilere seçim yapma olanağı verir -Katılım yavaş olabilir (radon örneğinde olduğu gibi)
Bütün yeni evler için yeni tesisat uygulamaları	Elektrikçilere yönelik teknik rehberlere uyulması -Tesisat ve bina mevzuatında değişiklikler	-Yeni evlerde ve yenileştirilme yapılan evlerde etkilenimler azalır -Ek maliyet
-Var olan bütün konutlarda zorunlu ölçüm ve iyileştirme	-Mevzuat ve düzenlemeler	-Var olan yüksek alanların azaltılmasında daha etkili -Önemli boyutta fazladan maliyet -Elektrikçilere (tesisatçılara) eğitim

ICNIRP standardına göre manyetik ve elektriksel alanlar için genel toplum sınır değerleri sırayla 1 G (1000 miligaus) ve 5kV/m dir. İşçiler için bu değerler 5 G ve 10 kV/m olarak verilmiştir. IEEE sınır değerleri daha yumuşaktır, toplum için 9G ve 5kV/m "kontrollü " çevrelerde çalışanlar için 27 G ve 20 kV/m dir (107).

2000 yılında İsviçre yeni yüksek gerilim hatları, alt istasyonlar ve elektik tren yolu hatları için manyetik alan 1, 0 μT değerini kabul etmiştir ki bu değer ICNIRP rehberine göre 100 kat daha sıkıdır.

Avrupa Konseyi tavsiye kararlarında 0-300 Hz arasındaki elektromanyetik alanlarla ilgili miktar önerileri yapılmasına karşın, her ülkenin temel kısıtlamalar ve referans düzeyleriyle ilgili bir çerçeve oluşturmasını istemektedir (108, 109). Voltaj sınırı getirilmeksizin bütün araçlarda elektromanyetik alanlarla ilgili koruma gerekinimlerinin yerine getirilmesi istenmektedir (109, 110). Düşük voltajla ilgili gereksinimler radyo frekans dalgaları birlikte olmak bütün güvenlik önlemlerini kapsamaktadır (108, 111).

(27-31, 36-40). Lazer sınıflaması ve özellikleri Tablo 8'de verilmiştir (27-40).

Tablo 9: Lazer sınıflaması (27-40)

Eski	Yeni	Tanım	Özellik
Sınıf 1	Sınıf 1	Öngörülebilir koşullarda güvenli	2-30 saniyede güvenli
	Sınıf 1M	Optik araç kullanılmıyorsa güvenli	
Sınıf 2	Sınıf 2	Göz kırpma ve kaçınma refleksleri varsa güvenli	0, 25 saniye-de güvenli
	Sınıf 2M	Optik araçlar kullanılmıyorsa güvenli	
Sınıf 3A		Optik araçlar kullanılmıyorsa güvenli	Düşük risk
	Sınıf 3R	Düşük risk lazerler sınıf 1 için olan AEL (en yüksek ulaşılabilir salınım sınırı) nin beş katından azsa güvenli	
Sınıf 3B	Sınıf 3B	Zarar verebilir, difüz yansımalara bakılması tehlikesiz.	Zararlı lazerler
Sınıf 4	Sınıf 4	Doğrudan ya da yoğun bir biçimde dağılmışsa tehlikeli olabilir. Yangınlara yol açabilir. Lazer gözlükleri zorunlu.	

Sınıflandırma en yüksek ulaşılabilir salınım sınırı[7] (AEL) kavramına göre yapılmaktadır. Bu değer araç çalışırken bu işlemin etkisinde olan kişiye ulaşabilecek en yüksek lazer ışınım miktarıdır. EL, izin verilebilir en yüksek etkilenim seviyeleriyle[8] (MPE) de bağlantılıdır. Bu değer kişinin herhangi bir zedelenme olmaksızın etkisinde kalacağı etkilenim miktarıdır. Bu etkilenimin en yüksek güven seviyesi olarak kabul edilmelidir. Bu değerin aşılmaması zo-

7 Accessible Emission Limit (AEL)

8 Maximum Permissible Exposure (MPE) levels

Aynı kuruluş aynı yaklaşımla ekran operatörlerinin etkilenimini azaltacak önemleri alması için tüm endüstriyi zorlamıştı. Ekranların yaydığı radyasyon sınırlarının düşürülmüş olmasına karşın katot ışını tüplerden yayılan EMF lerin düşük ve istenmeyen gebelik sonuçlarına yol açıp açmadığı konusu hala cevaplandırılabilmiş değildir (115, 116).

ELF-EMF İLE İLGİLİ ARAŞTIRMA GEREKSİNİMLERİ

ELF EMF ve RF/MW ile ilgili araştırmalar bayağı yavaşlamıştır. Amerikan elektrik endüstrisinin araştırma kolu EPRI bütçesinin çoğunu çocukluk lösemisinin kendi yüksek gerilim hatlarından değil değme akımlarından meydana geldiğini ispata çalışmaktadır. Değme akımları vücut farklı elektrik potansiyellerine sahip iki iletken yüzeyle temas ettiğinde ortaya çıkan akımlardır. Topraklaması yetersiz araçlarla çalışanlarda bunun söz konusu olabileceği ileri sürülmektedir (16, 117). Değme akımları algılama düzeylerinin altındadır ve biyolojik etkilere sahip olabileceği, esas sorunun bu akımlar olduğu, bunun önemli sağlık etkileri meydana getirebileceği düşünülmektedir. Ancak bu konudaki araştırmalar elektriksel ve manyetik alanların etkisini maskelemeye yönelik rakip araştırmalar gibi sürdürülmeye çalışılmaktadır. Japon radyo frekans korunma rehberi 10 kHz-15 MHz frekansındaki bir elektromanyetik alan altındaki topraklanmamış metal cisimlerin değme akımlarına bağlı dokunma tehlikelerinin önlenilmesi için sınır değerleri de içermektedir (4, 16, 118).

Dünya Sağlık Örgütü, Uluslararası İyonlaştırmayan Radyasyondan Korunma Komisyonu, Uluslar arası Çalışma Örgütü'nce yayınlanan ortak kaynakta elektromanyetik alanlarla ilgili olarak gelecekte yapılması önerilen araştırmalar ve öncelikleri Tablo 12'de verilmiştir (11) tinin çok küçük bir bölümü göze girebilir ve bu grubun çıkış gücü de 1 milivatla sınırlıdır. Ancak büyütücü bir optik araçtan görülmesi ya da uzun süreli etkilemesi durumunda zarar verebilir. İnşaat mühendisliğinde kullanılan bazı lazerler bu gruptandır. Görünür ışınlardır, belirli koşullarda görünmeyen bileşenleri olabilir.

Sınıf 3R: Maksimum çıkış güçleri 5 milivat ya da yayınımları sınıf 1 ürünlerin ulaşılabilir salınım değerlerinin (AEL) beş katı olan araçlardır. Düşük riskli, potansiyel olarak tehlikeli gruptur. Eğer dikkatli kullanılırsa güvenli sayılmaktadır. Kaza sonucu doğrudan göze gelirse en yüksek izin verilebilir etkilenim sınırının üzerinde etki yapabilir. Görünür ışıklı sürekli ışık veren lazerler 5 mW'la sınırlandırılmalıdır. Bu grup daha önceki 3A ile 3B'nin alt bölümlerini kapsamaktadır Sınıf 3A lazer demetinin ışınımı 25 vat/metrekareyi aşmamalıdır. Göz bebeği tam genişlemişken 7 mm genişliğindeki giriş açıklığı olduğu varsayılacak olursa 1 milivatı aşmamalıdır. Bu durumda 3A lazerin etkisi Sınıf 2 lazerlerinkini aşmayacaktır. Birey doğal göz kırpma refleksiyle olumsuz etkiden korunabilir. Ancak 3A sınıfı lazerli gösterme kalemleri sözgelimi dürbün vb. ile bakıldığında tehlikeli olabilir ve normal tüketici kullanımı için elverişli değildir. Işınım ölçütlerinin sağlanabilmesi için 1 mili vattan büyük çıkış gücüne sahip olan ışın demetinin ışınım değeri 25 vat/metrekarenin altında olmalıdır. Daha önceden 3B sınıfından olan ancak 5 mili vatı aşmayan lazerler sınıf 3R de sayılmaktadır. Amerikan standardında daha önceden İngiliz Standardında bulunan sınıf A yoktur. Bu nedenle Amerikan sınıf IIIA lazerli gösterme kalemi sınıfı İngiliz Sınıf 3B'ye karşılık gelir. Romen rakamlarıyla yapılan sınıflamalar Amerikan Standardı ya da eski sınıflamayı göstermektedir. Bazı lazerli gösterme araçları ve hizalama, terazileme araçları bu gruptandır. Ancak bu tip lazerli gösterme araçları eğitim sunularında kullanılmamalıdır (35).

Sınıf 3B: Bunların çıkış güçleri yarım vat (500 mW) olabilir. Doğrudan gelen ya da yansıyan ışınlarla göze zarar verebilecek güçtedir. Çıkış gücü arttıkça tehlikesi artar. Göze giren ışınların ışınım gücüyle birlikte etki süresi de önemlidir. Tehlikeli olma olasılığı yüksektir. Doğrudan göze gelirse zararlıdır. Ancak kâğıt vb. yüzeylerden yansırsa zararlı değildir. 315 nm de sürekli lazerler 0, 5 W la sınırlandırılmalıdır. 400-700 nm deki darbeli lazerlerde sınır 30 mJ'dur. Doğrudan bakıldığında koruyucu gözlük gerekir. Güvenlik kilidi bulunmalıdır. Bazı fizik tedavi araçları ve birçok araştırma lazerleri bu gruptandır.

Sınıf 4: Bu lazerler 500 mvat ya da yarım vattan büyüktür. Çıkış gücüyle ilgili herhangi bir üst sınır yoktur. Deride yanık yapabilir, doğrudan göze gelirse kalıcı göz yıkımı olur. Yanabilir maddeleri tutuşturabilir. Güvenlik anahtarı olmalıdır. Birçok endüstriyel, bilimsel ve tıbbi lazerler bu gruptandır. Lazer gösterilerinde, lazer cerrahisinde kullanılanlar ve lazerli metal kesiciler de bu gruba girer.

KIZILALTI[9] IŞINLAR

Mutlak sıfır sıcaklığındaki tüm cisimler bir miktar kızılaltı ışınım yayar. Daha yüksek sıcaklık değerlerindeki cisimler daha düşük sıcaklıktaki cisimlere ışınım yaparlar, sobadan algılanan sıcaklık bu yayınım nedeniyledir. Işın yelpazesinin ısı yayan en önemli bölümü kızılaltı ışınımdır (2). Normal vücut sıcaklığındaki insanlar 10 mikron dalga boyunda kızılaltı ışınım yayar.

Kızılaltı görüntüleme gerek askeri ve gerekse sivil amaçlarla yaygın olarak kullanılır. Hedef belirleme, tarama, gece görüşü, izleme vb amaçlarla yaygın olarak askerlerce kullanılır. Askerlik dışında sıcaklık verim analizleri, uzaktan sıcaklık algılama, kısa mesafe kablosuz iletişim, spektroskopi ve hava tahminlerinde yararlanılır. Astronomide ve uzay araştırmalarında da yaygın olarak kullanılır (41).

Doğada bazı canlıların kızılaltı ışınları algılayarak avlarını yakalama olanakları vardır. Çıngıraklı yılan, boa yılanı, adi vampir yarasalar, bazı kan emici böcekler örnek verilebilir (131).

Kızılaltı ışınlar görünür ışınlara göre daha uzun dalga boyuna sahiptir ve dalga boyları 700 nm ile 1 mm arasında değişir. CIE kı-

9 infrared

Kaynaklar

1. Güler, Ç., Vaizoğlu, S. A., Tekbaş, Ö. F., Çobanoğlu, Z., İyonlaştırmayan Radyasyon, Özgür Doruk Güler Çevre Dizisi 44, Yazıt Yayıncılık, Ankara, 2008.
2. Finucane, E. W., Definitions, Conversions and Caculations for Occupational Safety and Health Professionals, Second Ed., Lewis Publishers, Boca Raton, Boston, 1998.
3. Scientific Committee on Emerging and Newly Identified Health Risks, Possible Effects of Electromagnetic Fields (EMF) on Human Health, European comission, Brussels, 2007.
4. Frank, A. L., Nonionising radiation, in Robert B., Wallace, Wallace/ Maxcy-Rosenau-Last, Public Health ad Preventive Medicine, McGraw Hill Medical, , 15. Ed., 743-747. New York, 2008.
5. WHO European Centre for Environment, "Concern For Europe's To-morrow, Health and the Environment in the WHO European Region", Stuttgart, 1995.
6. International Commission on Non-Ionizing Radiation Protection. Guidelines for Limiting Exposure to Time-Varying Electric, Magnetic, and Electromagnetic Fields (up to 300 GHz). Health Physics., 74:494–522., 1998.
7. Stakeholder Advisory Group on ELF EMFs (SAGE) Precautionary approaches to ELF EMFs, First Interim Assessment:Power lines and Property, Wiring in Homes, and Electrical Equipment in Homes, RK Partnership Ltd, Castle Cary, UK, 27. 04. 2007.
8. NIOSH Technical Report, Ionising Radiation, NIOSH Publication No. 78-142, Washington DC, 1978.
9. The electromagnetic spektrum, http:/ / hypertextbook. com/ physics/ electricity/ em-spectrum/ , 3 Temmuz 2008.
10. Recent Research on EMF and Health Risks, Fifth Annual Report from SSI:s Independent Expert Group on Electromagnetic Fields, 2007, Revised Edition 15 April 2008., http:/ / www. ssi. se/ ssi_rapporter/ pdf/ ssi_rapp_2008_12. pdf, Swedish Radiation Protection Agency, 12 Temmuz 2008.
11. Extremely Low Frequency Fields, Environmental Health Criteria 238, International Labour Organization, the International Commission on Non-Ionizing Radiation Protection, and the World Health Organization. WHO, Geneva, 2007.

Kızılaltı ışın türlerinin göz ve derideki etkisi Tablo 10'da verilmiştir (42).

Tablo 11: Kızılaltı ışın türlerinin göz ve derideki etkisi (42)

IR-A	Işınım retinaya odaklanabilir, ancak görünür değildir. Derinin derin tabakalarına geçebilir.
IR-B	Işınım gözün hacmiyle soğurulabilir.
IR-C	Işınlar göz ve derinin en üst tabakalarınca soğurulur.

MİKRODALGA RADYASYON

Mikrodalga radyasyonun EHF, SHF, UHF bantlarıyla birlikte VHF bandının en kısa dalgaboylu bölümünü de kapsaması gerektiği konusunda genel bir görüş birliği vardır. Radyofrekans/Mikrodalga bandının en kısa dalgaboylu yarısını oluşturmaktadır. Mikrodalga radyasyon bandının bileşenleri Tablo 11'de gösterilmiştir (1, 2, 11, 12).

Tablo 12: Mikrodalga radyasyon bandının bileşenleri (1, 2, 11, 12)

Radyasyon tipi	Enerji değeri	Frekans	Dalga boyu sınırı
Mikrodalga	1, 2 meV-1, 2 μeV	300 GHz-300 MHz	1 mm-1 m
Son derece yüksek frekanslı (EHF) mikrodalga		300-30 GHz	1 mm-10 mm
Süper yüksek frekanslı (SHF) mikrodalga		30-3 GHz	10-100 mm
Ultra yüksek frekanslı (UHF) mikrodalga		3000-300 GHz	100 mm-1 m
Çok yüksek frekanslı (VHF) radyofrekansın en kısa dalgaboylu bölümü		300-100 MHz	1-3 m
Radyo frekans	1, 2 μeV-1, 2 neV	300 MHz-300 KHz	1 m-1 km

ction Branch, Public and Environmental Health Service, Department of Human Services, Adelaide, South Australia, 2000.

24. Health Effects of Electromagnetic Fields, Department of Communications, Marine and Natural Resources, Department of Communications, Energy and Natural Resources, 29-31 Adelaide Road, Dublin 2, Ireland, Dublin, 22nd March 2007, 6. 07. 2008.
25. Handbook of Biological Effects of Electromagnetic Fields, Biological and Medical Aspects of Electromagnetik fields, Frank, S. Barnes, Ben Greenebaum, Third Edition, CRC Press, Taylor & Francis, Bco Raton, London, New York, 2007.
26. Portier, C. J., and Wolfe, M. S., Eds., Assessment of Health Effects from Exposure to Power-Line Frequency Electric and Magnetic Fields, NIEHS Working Group Report. NIH Publication No. 98-3981, pp. 85–208Research Triangle Park, North Carolina, , ., 1998.
27. Wetheimer N, Leeper E. Electrical wiring configurations and childhood cancer. Am J Epidemiol., 109:273–84., 1979.
28. Ahlbom A, Day N, Feychting M, Roman E, et al. A pooled analysis of magnetic fields and childhood leukemia. Br J Cancer. 2000; 83: 692–8;
29. Greenland S, Sheppard AR, Kaune WT, Poole C, Kelsh MA. A pooled analysis of magnetic fields, wire codes, and childhood leukemia. Epidemiology. 11:624–34., 2000.
30. Handbook of Pediatric Environmental Health, Eztel R A., Balk S. J., American Academy of Pediatrics, 1999
31. IARC Monographs on the Evaluation of Carcinogenic Risks to Humans. Non-Ionizing Radiation, Part 1: Static and Extremely Low Frequency (ELF) Electric and Magnetic Fields, Vol. 80. Lyon, France: International Agency for Research on Cancer; 2002.
32. Draper G, Vincent T. Kroll ME, Swanson J. Childhood cancer in relation to distance from high voltage power lines in England and Wales: a case-control study. Br Med J. 330:1290–2., 2005.
33. 6. IARC, Globocan 2000: Cancer Incidence, Mortality and Prevalence Worldwide, International Agency for Research on Cancer: Lyon, France, 2000.
34. Steliarova-Foucher, E., Stiller, C., Kaatsch, P. et al., Geographical patterns and time trends of cancer incidence and survival among children and adolescents in Europe since the 1970s (the ACCIS project): an epidemiological study, Lancet, 364 (9451): 2097–2105., 2004.

RADYOFREKANS RADYASYON

Radyofrekans radyasyon VHF bandının en uzun dalgaboylu yarısı ile HF, MF ve LF bantlarını kapsar. Genel olarak bu gruptaki dalgaboylarının hepsi uzun ya da çok uzun gruptandır. En kısa dalga boyu 3+ metreden 10 kilometreye kadar uzanır.

Radyofrekans bandının bileşenleri Tablo 13'te gösterilmiştir (1, 2, 11, 12)

Tablo 14: Radyofrekans bandının bileşenleri (1, 2, 11, 12)

Radyasyon tipi	**Enerji değeri**	**Frekans**	**Dalga boyu sınırı**
Radyo frekans	1, 2 μeV-1, 2 neV	300 MHz-300 KHz	1 m-1 km
Çok yüksek frekanslı (VHF)radyofrekans		100-30 MHz	1-10 m
Yüksek frekanslı (HF) radyofrekans (kısa)		30-3 MHz	10-100 m
Orta frekanslı (MF) radyofrekans (orta)		3000-300 kHz	100-1000 m
Düşük frekanslı (LF) (uzun)		300-40 kHz	1-10 km

Radyofrekans radyasyon etkilenimlerine bağlı olumsuz fizyolojik etkiler "elektriksel ya/ya da manyetik" alanlarla ilişkilidir. Ancak etkilenim altında kalan bireydeki örselenmeler bazı özgül organ ya da vücut bölümlerinin yüksek yerel ısınmaya yol açabilecek yeterince büyük miktardaki enerjiyi soğurmasına da bağlıdır.

Radyofrekans radyasyonun başlıca kullanım yerleri Tablo 14'te özetlenmiştir (1)

45. Kheifets LI, Afifi AA, Buffler PA, et al. Occupational electric and magnetic field exposure and leukemia: a meta-analysis. J Occup Environ Med. 1997; 39:1074–91; Kheifets LI, Gilbert ES, Sussman SS, et al. Comparative analyses of the studies of magnetic fields and cancer in electric utility workers: studies from France, Canada and the United States. Occup Environ Med.; 56:567–74., 1999.

46. Miller AB, To T, Agnew DA, Wall C, Green LM. Leukemia following occupational exposure to 60 Hz electric and magnetic fields among Ontario electric utility workers. Am J Epidemiol., 144: 150–60., 1996.

47. Villeneuve PJ, Agnew DA, Miller AB, et al. Leukemia in electric utility workers: the evaluation of alternative indices of exposure to 60 Hz electric and magnetic fields. Am J Ind Med., 37: 607–17., 2000.

48. Li D-K, Odouli R, Wi S, et al. A population-based prospective cohort study of personal exposure to magnetic fields during pregnancy and the risk of miscarriage. Epidemiology., 13:9–20., 2002.

49. Li CY, Sung FC. Association between occupational exposure to power-frequency electromagnetic fields and amyotrophic lateral sclerosis: a review. Am J Ind Med., 43:212–20., 2003.

50. Feychting M, Jonsson F, Pedersen NL, Ahlbom A. Occupational magnetic field exposure and neurodegenerative disease. Epidemiology. 2003; 14:413–9; Hakansson N, Gustavsson P, Johansen C, Floderus B. Neurodegenerative diseases in welders and other workers exposed to high levels of magnetic fields. Epidemiology. 2003; 14:420–6; , 2003.

51. Qiu C, Fratiglioni L, Karp A, Winblad B, Bellander T. Occupational exposure to electromagnetic fields and risk of Alzheimer's disease. Epidemiology., 15:687–94., 2004.

52. Kliukiene J, Tynes T, Andersen A. Residential and occupational exposures to 50-Hz magnetic fields and breast cancer in women: a population-based study. Am J Epidemiol., 159:852–61, 2004.

53. Labreche F, Goldberg MS, Valois MF, et al. Occupational exposures to extremely low frequency magnetic fields and postmenopausal breast cancer. Am J Ind Med., 44:643–52., 2003.

54. Forssen UM, Rutqvist LE, Ahlbom A, Feychting M. Occupational magnetic fields and female breast cancer: a case-control study using swedish population registers and new exposure data. Am J Epidemiol., 161:250–9., 2005.

mışlardır! Bu nedenle potansiyel radyasyon etkisiyle ilgili bir ilişki bulamamışlardır (45).

Bir yıl sonra, Finlandiyalı bir grup, yüksek EMA emisyonu olan kadınlardan VDT operatörü olarak çalışanlarda, üç kat fazla düşük belirlemiştir. Bu kadınlarda ortalama etkilenim miktarı 3 mG'dan büyüktür. Bu çalışmada, bilgisayar karşısında geçirilen saatler gibi daha az belirli bir ölçüt yerine, bilgisayar operatörlerinin gerçek EMA etkilenim seviyelerine göre değerlendirme yapılmıştır (46).

Bilgisayar ekranlarının, kadınlardaki üreme sistemine olan etkileriyle ilgili çalışmalar birbirinden çelişkili sonuçlar vermiştir (47-50). Yapılan meta analizlerin birisinde, bilgisayar kullanan ve kullanmayan kadınlarda yapılan karşılaştırmalı değerlendirme sonucu spontan düşük ya da malformasyon yönünden risk artışı göstermemiştir (47). Bilgisayarlar tarafından yayılan elektrik ve manyetik alanların ölçümünü esas alan çalışmadan birisinde EMA'larla düşük arasında bağlantı kurulurken (46) diğerinde herhangi bir bağlantı bulunmamıştır (44). Bir diğer prospektif çalışma ise yine düşük doğum ağırlığı ve rahim içi büyüme hızı açısından herhangi bir olumsuz etkinin söz konusu olmadığı sonucuna varılmıştır (51). Mesleki etkilenimle düşük arasında bir bağlantı olmadığı sonucuna varan iki çalışma daha yayınlanmıştır. (49, 50)

Birçok yeni bilgisayar, EMA emisyonlarını azaltıcı biçimde kalkanlanmıştır. SWEDAC olarak bilinen İsveç örgütünün desteğiyle yapılan uluslararası uzmanlar toplantısında MPR standartları geliştirilmiştir. MPRII olarak bilinen bu standartlar, bilgisayardan olan elektromanyetik alan etkilenimini ekrandan 50 cm mesafede 2, 5 mG ile sınırlandırmıştır. Günümüzde pazarlanan birçok bilgisayar, MPRII standardına uygundur (52). İsveç Beyaz Yakalılar Örgütü (TCD) bilgisayardan 30 cm mesafede 2 mG sınırını kabul etmiştir. Giderek birçok bilgisayar üreticisi bu sınıra da uymaya başlamıştır. Bu standartların teknolojik olarak ulaşılabilir sınırlar olduğu, belirlenen bir sağlık sorununu önlemeye yönelik olarak belirlenmiş standartlar olmadığı belirtilmelidir.

68. Milham, S., Jr., Mortality in workers exposed to electromagnetic fields, Environ. Health Perspect., 62: 297–300., 1985.
69. Tynes, T. and Andersen, A., Electromagnetic fields and male breast cancer, Lancet, 336 (8730): 1596., 1990.
70. Loomis, D. P., Cancer of breast among men in electrical occupations, Lancet, 339 (8807): 1482–1483., 1992.
71. Cammarano, G., Crosignani, P., Berrino, F. et al., Cancer mortality among workers in a thermoelectric power plant, Scand. J. Work Environ. Health, 10 (4): 259–261., 1984.
72. Erren TC. A meta-analysis of epidemiologic studies of electric and magnetic fields and breast cancer in women and men. Bioelectromagnetics Suppl., 5:S105–19., 2001.
73. Singh N, Lai H. 60 Hz magnetic field exposure induces DNA crosslinks in rat brain cells. Mutat Res., 400: 313–20., 1998.
74. Lai H, Singh NP. Acute exposure to a 60 Hz magnetic field increases DNA strand breaks in rat brain cells. Bioelectromagnetics. 18:156–65; 1997.
75. Svedenstal BM, Johanson KJ, Mattsson MO, Paulsson LE. DNA damage, cell kinetics and ODC activities studied in CBA mice exposed to electromagnetic fields generated by transmission lines. In Vivo. 13:507–13; 1999.
76. Svedenstal BM, Johanson KJ, Mild KH. DNA damage induced in brain cells of CBA mice exposed to magnetic fields. In Vivo., 13:551–2., 1999.
77. Ivancsits S, Diem E, Pilger A, Rüdiger HW, Jahn O. Induction of DNA strand breaks by intermittent exposure to extremely-low-frequency electromagnetic fields in human diploid fibroblasts. Mutat Res., 519:1–13; 2002.
78. Ivancsits S, Diem E, Jahn O, Rüdiger HW. Intermittent extremely low frequency electromagnetic fields cause DNA damage in a dose-dependent way. Int Arch Occup Environ Health., 76: 431–6., 2003.
79. Lai H, Singh NP. Magnetic-field-induced DNA strand breaks in brain cells of the rat. Environ Health Perspect., 112:687–94., 2004.
80. Wolf FI, Torsello A, Tedesco B, et al. 50-Hz extremely low frequency electromagnetic fields enhance cell proliferation and DNA damage: possible involvement of a redox mechanism. Biochim Biophys Acta., 1743:120–9., 2005.

81. Stevens RG. Electric power use and breast cancer: a hypothesis. Am J Epidemiol., 125:556–61., 1987.
82. AGNIR - Advisory Group on Non-Ionising Radiation. Power Frequency Electromagnetic Fields, Melatonin and the Risk of Breast Cancer. Chilton, Health Protection Agency, (Documents of the Health Protection Agency, Series B: Radiation, Chemical and Environmental Hazards, RCE-1)., 2006.
83. Burch JB, Reif JS, Yost MG, Keefe TJ, Pitrat CA. Nocturnal excretion of a urinary melatonin metabolite among electric utility workers. Scand J Work Environ Health., 24:183–9; , 1998.
84. Juutilainen J, Stevens RG, Anderson LE, et al. Nocturnal 6-hydroxymelatonin sulfate excretion in female workers exposed to magnetic fields. J Pineal Res. 2000; 28:97–104., 2000.
85. Davis S, Kaune WT, Mirick DK, Chen C, Stevens RG. Residential magnetic fields, light-at-night, and nocturnal urinary 6-sulfatoxymelatonin concentration in women. Am J Epidemiol. 154:591–600., 2001.
86. Burch JB, Reif JS, Noonan CW, Yost MG. Melatonin metabolite levels in workers exposed to 60-Hz magnetic fields: work in substations and with 3-phase conductors. J Occup Environ Med. 42: 136–42., 2000.
87. Blask DE, Hill SM. Effects of melatonin on cancer: studies on MCF-7 human breast cancer cells in culture. J Neural Transm Suppl. 21:433–49., 1986.
88. Harland JD, Liburdy RP. Environmental magnetic fields inhibit the antiproliferative action of tamoxifen and melatonin in a human breast cancer cell line. Bioelectromagnetics. 18:555–62., 1997.
89. Ishido M, Nitta H, Kabuto M. Magnetic fields (MF) of 50 Hz at 1. 2 microT as well as 100 microT cause uncoupling of inhibitory pathways of adenylyl cyclase mediated by melatonin 1a receptor in MF-sensitive MCF-7 cells. Carcinogenesis., 22:1043–8., 2001.
90. Thun-Battersby S, Mevissen M, Löscher W. Exposure of spraguedawley rats to a 50-hertz, 100-microtesla magnetic field for 27 weeks facilitates mammary tumorigenesis in the 7, 12-dimethylbenz[a]-anthracene model of breast cancer. Cancer Res. 59:3627–33., 1999.
91. National Toxicology Program. NTP studies of magnetic field promotion (dmba initiation) in female sprague-dawley rats (wholebody exposure/ gavage studies. Natl Toxicol Program Tech Rep Ser., 489:1–48., 1999.

Kaynaklar

1. Finucane, E. W. , Definitions, Conversions and Caculations for Occupational Safety and Health Professionals, Second Ed. , Lewis Publishers, Boca Raton, Boston, 1998.
2. Frank, A. L. , Nonionising radiation, in Robert B. , Wallace, Wallace/ Maxcy-Rosenau-Last, Public Health ad Preventive Medicine, McGraw Hill Medical, , 15. Ed. , 743-747. New York, 2008.
3. WHO European Centre for Environment, "Concern For Europe's To-morrow, Health and the Environment in the WHO European Region", Stuttgart, 1995.
4. Vaizoğlu, SA. , Yüksek gerilim hatlarına ve diğer faktörlere bağli düşük frekanslı elektromanyetik kirlilik durumunun ve bazı sağlık etkilerinin belirlenmesi, T. C. , Hacetttepe Üniversitesi, Sağlık Bilimleri Enstitüsü, Ankara, 2001.
5. Moulder J. E.; Foster K. R. , Biological effects of power-frequency fields as they relate to carcienogenesis, Proc. Soc. Exper. Biol. Med. 209: 309-324, 1995.
6. Buchdahl, J. , Ozone Depletion, Atmosphere, Climate & Environment, Information Programme, aric, Manchester Metropolitan University, 1999, Updated 2002, http: / / www. ace. mmu. ac. uk/ , 4 Haziran 2008.
7. Güler, Ç. , Stratosferdeki Ozon Tabakasının Zayıflaması, Özgür Doruk Güler Çevre Dizisi 42, Yazıt Yayıncılık, Ankara, 2008.
8. Güler, Ç. , Çobanoğlu, Z. , Elektromanyetik Radyasyon, Çevre Sağlığı Temel Kaynak Dizisi No. 32, TC Sağlık Bakanlığı Sağlık Projesi Genel Koordinatörlüğü, TC Sağlık Bakanlığı Temel Sağlık Hizmetleri Genel Müdürlüğü, ISBN 975-7572-33-0, Ankara 1994.
9. Slesin, L. , Extremely Low Frequency Electromagnetic Fields, in Robert B. , Wallace, Wallace/ Maxcy-Rosenau-Last, Public Health ad Preventive Medicine, McGraw Hill Medical, , 15. Ed. , 747-754. New York, 2008.
10. Frank A. L. , Slesin L. , Nonionising radiation, Maxcy Rosenau-Last, Public Health and Preventive Medicine, Wallace R. B. Ed, 14, 526-35, Stamfort, 1998.
11. NIOSH Technical Report, Ionising Radiation, Niosh Publication No. 78-142, Washington DC, 1978.
12. The electromagnetic spektrum, http: / / hypertextbook. com/ physics/ electricity/ em-spectrum/ , 3 Temmuz 2008.

104. Kınış A., Yüksek gerilimli enerji iletim hatları ve trafo istasyonları. Elektromanyatik Kirlilik Etkileri Sempozyumu, 145-149, Ankara, 1999

105. Elektrik Kuvvetli Akım Tesisleri Yönetmeliği, Resmi Gazete, Sayı: 24246, 30 Kasım 2000.

106. Buillding Safely Near Powerlines, Government of South Australia, http:/ / www. technicalregulator. sa. gov. au/ , 10. 07. 2008.

107. Institute of Electrical and Electronics Engineers. C95. 6-2002 IEEE Standard for Safety Levels with Respect to Human Exposure to Electromagnetic Fields 0 to 3 kHz., http:/ / ieeexplore. ieee. org/ iel5/ 8105/ 22412/ 01046043. pdf?isnumber=22412&arnumber=1046043, 5 Haziran 2008.

108. Dillingham, S, Cobb, N., Radio-Frequency Radiation for Transmitters: A Comparison of U. S. and European Requirements, http:/ / www. ce-mag. com/ archive/ 01/ 09/ dillingham. html, 10 Haziran 2008.

109. Council Recommendation of 12 July 1999 on the limitation of exposure of the general public to electromagnetic fields (0 Hz to 300 GHz) [1999/ 519/ EC]; http:/ / europa. eu. int/ eur-lex/ en/ lif/ dat/ 1999/ en_399H0519. html., 2 Haziran 2008.

110. R&TTE Directive (1999/ 5/ EC); http:/ / europa. eu. int/ eur-lex/ en/ lif/ dat/ 1999/ en_399L0005. html., 3 Haziran 2008.

111. Directive 73/ 23/ EEC [LV Directive]; http:/ / europa. eu. int/ eur-lex/ en/ lif/ dat/ 1973/ en_373L0023. html., 5 Haziran 2008.

112. Jamieson D, Wartenberg D. The precautionary principle and electric and magnetic fields. Am J Public Health. 91:1355–8., 2001.

113. Foster KR, Vecchia P, Repacholi MH. Science and the precautionary principle. Science. 288:979–81., 2000.

114. EEA, 'Late lessons from early warnings: the precautionary principle 1896–2000', European Environment Agency, Copenhagen, 2001. http:/ / reports. eea. europa. eu/ environmental_issue_report_2001_22/ en, 3 Haziran 2008.

115. Goldhaber MK, Polen MR, Hiatt RA. The risk of miscarriage and birth defects among women who use visual display terminals during pregnancy. Am J Ind Med. 13:695–706., 1988.

116. AGNIR - Advisory Group on Non-Ionising Radiation. Health Effects related to the use of Visual Display Units. Chilton, National Radiological Protection Board, 1994 (Documents of the NRPB, Vol. 5, No. 2). 1994.

25. Güler, Ç. , Uçak Yolculuklarından Sonra Turist Olarak Gidilen Ülkede Ortaya Çıkan Zamansal Uyumsuzluk Sendromu, Jat-Lağ, Turist Sağlığı ve Hekimliği Bülteni, , 4, 35, 1-4, Ağustos 1993.

26 Laser hazards, US Departmnt of Labor, Occupational Health & Safety Administrattion, http: / / www. osha. gov/ SLTC/ laserhazards/ index. html, 7 Mayıs 2008.

27. Laser Manual, http: / / www. ehrs. upenn. edu/ programs/ laser/ laser_ manual. html, 2 Haziran 2008.

28. Laser pointers, Health Protection Agency, http: / / www. hpa. org. uk/ web/ HPAweb&HPAwebStandard/ HPAweb_C/ 1195733794576, 8 Mayıs 2008.

29. BS EN 60825-1: 1994 Incorporating Amendment Nos. 1, 2 and 3. Safety of laser products Part 1. Equipment classification, requirements and user's guide. British Standards Institution, London.

30. PD IEC TR 60825-14. Safety of laser products - Part 14: A user's guide. IEC, Geneva. , 2004.

31. Federal Performance Standard for Laser Products, 21 CFR 1040. 10, Center for Devices and Radiological Health, Rockville, Maryland, (www. fda. gov/ cdrh/ comp/ rad_nonion_products. html). 12. 04. 2007.

32. General Product Safety Regulations 2005, Statutory Instrument 2005 No. 1803, OPSI, London (www. opsi. gov. uk/ si/ si2005/ 20051803. htm). , 10. 03. 2007.

33. IEC 60825-1/ A2: 2001, Safety of Laser Products - Part 1: Equipment classification, requirements, and user's guide, International Electrotechnical Commission, Geneva, 1993, with Amendment 2, 01/ 2001.

34. EN 60825-1/ A2: 2001, Safety of Laser Products - Part 1: Equipment classification, requirements, and user's guide, European Committee for Electrotechnical Standardization, Brussels, 1994, with Amendment 2, 01/ 2001.

35. ANSI Z136. 1-2000, ANSI Standard for the Safe Use of Lasers, American National Standards Institute, New York, 2000.

36. Laser safety, http: / / ehs. uky. edu/ radiation/ laser_fs. html, 5 Mayıs 2008.

37. Laser safety, http: / / en. wikipedia. org/ wiki/ Laser_safety, 5 Mayıs 2008.

38. Kavanagh, B. , Arrangements for the Safe Use of Laser Devices in UCL, http: / / www. ucl. ac. uk/ efd/ safety_services_www/ guidance/ lasers/ guidance. pdf, 5 Mayıs 2008.

ÖZGÜR DORUK GÜLER ÇEVRE DİZİSİ
Daha Önce Yayımlanmış Kitaplar

1. Su Baskınlarında Bireysel ve Toplumsal Sağlık Önlemleri, Prof. Dr. Çağatay Güler.
2. Bireysel Su Savurganlığını Azaltmaya Yönelik Önlemler, Prof. Dr. Çağatay Güler
3. Çevre Kirliliği ve Çocuk, Prof. Dr. Çağatay Güler
4. İstanbul'da Deprem Olasılığına Karşı alınması Gereken Önlemler, Prof. Dr. Çağatay Güler
5. Terk Edilmiş Kuyuların Kapatılması, İnş. Müh. Zakir Çobanoğlu
6. Su Kesintisi Yapılan İllerde Alınması Gereken Halk Sağlığı Önlemleri, Prof. Dr. Çağatay Güler
7. İç Ortam Kavramını Kuramsallaştıran Bilim Adamı: Claude Bernard, Dr. Funda Sevencan, Dr. Fehminaz Temel, Doç. Dr. Songül A. Vaizoğlu, Doç. Dr. Z. Dicle Balkancı
8. Bir Biyolojik Çevre Öyküsü: Semmelweis, Dr. Fehminaz Temel, Dr. Funda Sevencan, Doç. Dr. Songül A. Vaizoğlu.
9. Atık Piller ve Halk Sağlığı, Prof. Dr. Çağatay Güler
10. Kişisel Hijyen, Çevre ve Sağlık, Prof. Dr. Çağatay Güler
11. İçme Suyundaki Kirleticiler ve Halk Sağlığı, Prof. Dr. Çağatay Güler
12. Tehlikeli Atıklar ve Halk Sağlığı, Prof. Dr. Çağatay Güler, Zakir Çobanoğlu
13. Tehlikeli Atık Yönetimi, Prof. Dr. Çağatay Güler
14. Evde ve Okulda Cıva Saçılımında Yapılması Gerekenler, Dr. Derya Çamur, Doç. Dr. Songül A. Vaizoğlu
15. Halk Sağlığı Açısından E-atıklar, Prof. Dr. Çağatay Güler
16. Okul Çevre Sağlığı, Doç. Dr. Ö. Faruk Tekbaş, Doç. Dr. Songül A. Vaizoğlu.

ÖZGÜR DORUK GÜLER ÇEVRE DİZİSİ

Daha Önce Yayımlanmış Kitaplar

1. Su Baskınlarında Bireysel ve Toplumsal Sağlık Önlemleri, Prof. Dr. Çağatay Güler.
2. Bireysel Su Savurganlığını Azaltmaya Yönelik Önlemler, Prof. Dr. Çağatay Güler
3. Çevre Kirliliği ve Çocuk, Prof. Dr. Çağatay Güler
4. İstanbul'da Deprem Olasılığına Karşı alınması Gereken Önlemler, Prof. Dr. Çağatay Güler
5. Terk Edilmiş Kuyuların Kapatılması, İnş. Müh. Zakir Çobanoğlu
6. Su Kesintisi Yapılan İllerde Alınması Gereken Halk Sağlığı Önlemleri, Prof. Dr. Çağatay Güler
7. İç Ortam Kavramını Kuramsallaştıran Bilim Adamı: Claude Bernard, Dr. Funda Sevencan, Dr. Fehminaz Temel, Doç. Dr. Songül A. Vaizoğlu, Doç. Dr. Z. Dicle Balkancı
8. Bir Biyolojik Çevre Öyküsü: Semmelweis, Dr. Fehminaz Temel, Dr. Funda Sevencan, Doç. Dr. Songül A. Vaizoğlu.
9. Atık Piller ve Halk Sağlığı, Prof. Dr. Çağatay Güler
10. Kişisel Hijyen, Çevre ve Sağlık, Prof. Dr. Çağatay Güler
11. İçme Suyundaki Kirleticiler ve Halk Sağlığı, Prof. Dr. Çağatay Güler
12. Tehlikeli Atıklar ve Halk Sağlığı, Prof. Dr. Çağatay Güler, Zakir Çobanoğlu
13. Tehlikeli Atık Yönetimi, Prof. Dr. Çağatay Güler
14. Evde ve Okulda Cıva Saçılımında Yapılması Gerekenler, Dr. Derya Çamur, Doç. Dr. Songül A. Vaizoğlu
15. Halk Sağlığı Açısından E-atıklar, Prof. Dr. Çağatay Güler

37. Gemi Sökümü, Prof. Dr. Çağatay Güler.
38. Çevre Kronolojisi-3 (1920-2007), Prof. Dr. Çağatay Güler.
39. Küresel Değişme, Prof. Dr. Çağatay Güler, Doç. Dr. Songül A. Vazoğlu, Doç. Dr. Ö. Faruk Tekbaş.
40. Küresel Isınma ve İklim Değişikliği, Prof. Dr. Çağatay Güler, Doç. Dr. Songül A. Vaizoğlu, Doç. Dr. Ö. Faruk Tekbaş.
41. Konut Sağlığı, Prof. Dr. Çağatay Güler, İnş. Müh. Zakir Çobanoğlu.
42. Stratosferdeki Ozon Tabakasının Zayıflaması, Prof. Dr. Çağatay Güler.
43. Irmak Suyu ve Halk Sağlığı, Prof. Dr. Çağatay Güler.
44. İyonlaştırmayan Radyasyon, Prof. Dr. Çağatay Güler, Doç. Dr. Songül A. Vaizoğlu, Doç. Dr. Ö. F. Tekbaş, İnş. Müh. Z. Çobanoğlu.